四川植烟土壤

郭仕平　王　谢　梁　辉
胡容平　肖　勇　张凤仪　主编

四川科学技术出版社

成都

图书在版编目（CIP）数据

四川植烟土壤 / 肖勇等主编. -- 成都 : 四川科学
技术出版社, 2024.5
ISBN 978-7-5727-1365-1

Ⅰ.①四… Ⅱ.①肖… Ⅲ.①烟草—耕作土壤—土壤
管理—四川 Ⅳ.①S572.06

中国国家版本馆CIP数据核字(2024)第108289号

四 川 植 烟 土 壤
SICHUAN ZHIYAN TURANG

主　编　郭仕平　王　谢　梁　辉
　　　　胡容平　肖　勇　张凤仪

出 品 人　程佳月
策划编辑　何　光
责任编辑　文景茹
封面设计　墨创文化
责任出版　欧晓春
出版发行　四川科学技术出版社
　　　　　成都市锦江区三色路238号　邮政编码 610023
　　　　　官方微博 http://weibo.com/sckjcbs
　　　　　官方微信公众号　sckjcbs
　　　　　传真 028-86361756
成品尺寸　210 mm × 285 mm
印　　张　16.75
插　　页　2
字　　数　400 千字
印　　刷　成都远恒彩色印务有限公司
版　　次　2024年 5 月第 1 版
印　　次　2024年 5 月第 1 次印刷
定　　价　298.00元

ISBN 978-7-5727-1365-1

邮　　购：成都市锦江区三色路238号新华之星A座25层　邮政编码：610023
电　　话：028-86361770

参与本书编著者名单

主　编　郭仕平　王　谢　梁　辉　胡容平　肖　勇　张凤仪

顾　问　陈新平　刘永红

副主编　袁大刚　殷　盛　蒋浩宏　刘　杨　李　芹　杜卫民

　　　　陈冠陶　俞世康　庞翔宇　陈　鹏　钱　宇　张隆伟

其他参编人员（排名不分先后）

卜建锋　陈　鑫　陈　勇　陈利平　陈玉蓝　封　俊

冯文龙　冯长春　顾会战　韩利红　何余勇　何正川

胡　刚　江　鸿　雷云康　李　斌　李　霞　李晓华

李星毅　林超文　刘　国　刘海涛　龙　涛　吕　吉

罗万麟　母明新　庞良玉　齐　琳　秦鱼生　曲　波

唐李丽　唐祺超　唐　甜　王　飞　王万秀　王自鹏

吴绍军　夏　春　谢云波　熊维亮　杨　柳　杨　琴

杨民烽　杨笑瑒　杨　洋　杨懿德　姚　莉　姚兴柱

张建华　张瑞娜　张　奇　张远盖　张宗锦　赵　爽

赵锦超　周　然　周先国　朱冉志　朱永群　朱　宇

目 录

1

成土因素与土壤类型

1.1　成土因素与成土过程

四川介于东经 97° ～108° 和北纬26° ～34° ，位于中国西南腹地，地处长江上游，处于中国大陆地势第一级阶梯青藏高原和第二级阶梯长江中下游平原的过渡带，海拔悬殊，西高东低的特点特别明显。西部为高原、山地，海拔多在 3 000 m 以上；东部为盆地、丘陵，海拔多在 500～2 000 m。全省可分为四川盆地、川西高山高原区、川西北丘状高原山地区、川西南山地区、米仓山大巴山中山区五大部分。

四川地貌复杂，以山地为主，具有山地、丘陵、平原和高原 4 种地貌类型，分别占全省面积的 77.1%、12.9%、5.3% 和 4.7%。区域气候差异显著：东部冬暖、春旱、夏热、秋雨、多云雾、少日照、生长季长，西部则寒冷、冬长、基本无夏、日照充足、降水集中、干雨季分明；气候垂直变化大，气候类型多。川西南山地为亚热带半湿润气候区，其河谷地区受焚风影响形成典型的干热河谷气候，山地形成显著的立体气候。川西北为高山高原高寒气候区，海拔高差大，气候立体变化明显，从河谷到山脊依次出现亚热带、暖温带、中温带、寒温带、亚寒带、寒带和永冻带，总体上以寒温带气候为主，河谷干暖，山地冷湿，冬寒夏凉，水热不足。

四川烟区成土过程主要有腐殖质积累过程、脱硅富铝化过程、黄化过程、黏化过程（残积黏化和淋淀黏化）、氧化还原过程、人为熟化过程（旱耕熟化和水耕熟化）等，部分土壤还包括沉积过程、潜育化过程、泥炭化过程、钙化过程和漂洗过程。

1.2　主要土壤类型及其分布

四川土壤在地理分布上具有垂直－水平复合分布规律，受地区性母质和地形条件的影响，根据发生类别，土壤类型主要有赤红壤、红壤、黄壤、黄棕壤、棕壤、燥红土、新积土、石灰（岩）土、紫色土、沼泽土、泥炭土和水稻土。

赤红壤主要分布于川西南的金沙江及其支流河谷地区，如安宁河谷古湖盆地区及雅砻江、三源河谷谷坡地带，代表烟区为攀枝花市仁和区。

四川烟区红壤有黄红壤和山原红壤两个亚类，其中黄红壤主要分布于凉山彝族自治州（简称凉山州）的西昌、德昌、盐源、会理、会东、冕宁、越西、美姑、甘洛、昭觉、普格、布拖、金阳等地区海拔 1 700～2 200 m 的低中山地带，代表烟区为凉山州会东县；山原红壤主要分布于凉山州的会理、会东、宁南、盐源、德昌、普格、布拖、昭觉，攀枝花的仁和、盐边、米易，雅安地区的汉源、石棉和甘孜藏族自治州（简称甘孜州）的稻城等地区，代表烟区为凉山州会理市、普格县和攀枝花市米易县。

四川烟区黄壤主要分布于盆地四周海拔低于1 300 m的低、中山区和深丘地带以及盆地内大、小江河沿岸的2~5级阶地，代表烟区如泸州市古蔺县和叙永县。

四川烟区黄棕壤有典型黄棕壤和暗黄棕壤两个亚类，其中典型黄棕壤主要分布于四川盆地边缘山地和川西南山地，南起金沙江流域的鲁南山，北至秦岭下的大巴山，代表烟区为凉山州盐源县、达州万源市、泸州市古蔺县等；暗黄棕壤主要分布于川西南山地海拔2 200~2 700 m的范围内和二郎山、峨眉山一带海拔1 600~2 200 m的盆西南边缘山地，代表烟区为凉山州会理市和德昌县。

四川烟区棕壤有典型棕壤、酸性棕壤和棕壤性土三个亚类。棕壤主要分布于四川盆地向川西高原过渡地带、川西南山地和盆周山地区的山体坡地，代表烟区如凉山州盐源县和越西县。

四川烟区燥红土主要分布于川西南的金沙江及其附近的支流河谷地带，代表烟区如凉山州会东县和攀枝花市盐边县。

四川烟区新积土主要分布于全省大、小江河溪流两岸阶地、河漫滩、河心洲以及中、低山山麓的洪积扇中下部，代表烟区如凉山州冕宁县、普格县、德昌县及攀枝花市盐边县。

四川烟区石灰（岩）土有黄色石灰土、红色石灰土和棕色石灰土三个亚类，其中黄色石灰土主要分布于盆地四周中、低山区的石灰岩出露地带，特别是盆地东北缘的大巴山南坡和东南缘山地区，代表烟区如泸州市古蔺县、叙永县和宜宾市兴文县、筠连县；红色石灰土主要分布于川西南海拔900~2 000 m的岩溶中、低山地区，集中于金沙江和雅砻江、大渡河河谷地区，代表烟区如攀枝花市仁和区；棕色石灰土主要分布于川西高山峡谷地区的山体下部和川西南中山山地，代表烟区如达州万源市、宜宾市兴文县。

四川烟区紫色土有酸性紫色土、中性紫色土和石灰性紫色土三个亚类，其中酸性紫色土在全省各地区均有分布，主要分布于盆地西南深丘及盆周山地，代表烟区如宜宾市筠连县、屏山县和凉山州会东县、普格县；中性紫色土主要分布于盆地中南部的浅丘陵和盆东北的平行岭谷区，代表烟区如达州万源市；石灰性紫色土分布广泛，特别是四川盆地的腹心丘陵区成片集中，代表烟区如凉山州会东县、会理市、广元市剑阁县和攀枝花市仁和区。

四川烟区沼泽土主要分布于川西地区的河滩洼地和湖岸，代表烟区如凉山州冕宁县。

四川烟区泥炭土分布于川西北地区，其中低位泥炭土主要集中于阿坝藏族羌族自治州（简称阿坝州）的若尔盖县和红原县，少数分布于凉山州的布拖、越西和昭觉等县，代表烟区如凉山州越西县。

四川烟区水稻土有潴育水稻土、渗育水稻土、潜育水稻土和漂洗水稻土四个亚类，其中潴育水稻土主要分布于除阿坝州、甘孜州两州外的其他各地市州，位于平原二级阶地的开阔平坦地带和一级阶地两河道之间的垄背平缓地带及盆西平原的台地、丘陵和缓坡平坝，代表烟区如德阳什邡市；渗育水稻土主要分布于全省各地市州的山地、丘陵、平原以及河谷两侧阶地，代表烟区如凉山州、广元市、达州市、宜宾市、泸州市的部分县区；潜育水稻土主要分布于全省各地市州的地形低洼部位，如排水不畅的沿江一级阶地低洼处或古河道以及丘陵山地的冲沟槽谷，代表烟区如德阳什邡市；漂洗水稻土主要分布于成都平原的黄壤台地及沿河阶地、浅丘台地冲沟的中上部倾斜地段或中低山槽谷平缓区，代表烟区如宜宾市筠连县。

四川烟区典型土壤分类索引，见表1-1。

表1-1 四川烟区典型土壤分类索引

土纲	亚纲	土类	亚类	土属	章节号	代表烟区
铁铝土	湿热铁铝土	赤红壤	赤红壤性土	夹石赤红泥土	2	攀枝花仁和
		红壤	黄红壤	黄红泥土	3.1	凉山会东
			山原红壤	褐红泥土	3.2	凉山普格
				红泥土	3.3～3.8	凉山会理、攀枝花米易
	湿暖铁铝土	黄壤	典型黄壤	矿子黄泥土	4.1～4.2	泸州古蔺、叙永
				老冲积黄泥土	4.3	泸州叙永
淋溶土	湿暖淋溶土	黄棕壤	典型黄棕壤	残坡积黄棕泡土	5.1～5.3	凉山盐源、达州万源、泸州古蔺
			暗黄棕壤	棕红泥土	5.4～5.5	凉山会理、德昌
	湿暖温淋溶土	棕壤	典型棕壤	残坡积棕泥土	6.1	凉山盐源
				洪冲积棕泥土	6.2	凉山盐源
			酸性棕壤	残坡积酸棕泥土	6.3	凉山盐源
			棕壤性土	残坡积石块棕土	6.4	凉山盐源
				洪积石渣棕泥土	6.5	凉山越西

续表

土纲	亚纲	土类	亚类	土属	章节号	代表烟区
半淋溶土	半湿热半淋溶土	燥红土	褐红土	洪冲积褐红泥土	7.1～7.2	凉山会东、攀枝花盐边
初育土	土质初育土	新积土	典型新积土	新积褐沙土	8.1	凉山冕宁
				新积棕沙土	8.2～8.4	凉山普格、德昌和攀枝花盐边
				新积黑沙土	8.5	凉山德昌
	石质初育土	石灰（岩）土	黄色石灰土	石灰黄泥土	9.1～9.5	泸州古蔺、叙永和宜宾兴文、筠连
			红色石灰土	石灰红泥土	9.6	攀枝花仁和
			棕色石灰土	石灰棕泥土	9.7～9.8	达州万源、宜宾兴文
初育土	石质初育土	紫色土	酸性紫色土	红紫泥土	10.1～10.2	宜宾筠连、屏山
				酸紫泥土	10.3～10.4	凉山会东、普格
			中性紫色土	脱钙紫泥土	10.5	达州万源
			石灰性紫色土	棕紫泥土	10.6～10.7	凉山会东、攀枝花仁和
				黄红紫泥土	10.8～10.9	凉山会理、广元剑阁
水成土	矿质水成土	沼泽土	泥炭沼泽土	冲洪积泥炭沼泽土	11	凉山冕宁
	有机水成土	泥炭土	低位泥炭土	河湖积泥炭土	12	凉山越西
人为土	人为水成土	水稻土	潴育水稻土	潴育灰潮田	13.1	德阳什邡
			渗育水稻土	渗育灰棕潮田	13.2～13.3	凉山冕宁、越西
				渗育黄潮田	13.4	宜宾兴文
				渗育钙质紫泥田	13.5	广元剑阁
				渗育酸紫泥田	13.6～13.7	达州万源、宜宾屏山
				渗育黄泥田	13.8	泸州叙永
				渗育红泥田	13.9	凉山德昌
			潜育水稻土	潜育潮田	13.10	德阳什邡
			漂洗水稻土	白鳝黄泥田	13.11	宜宾筠连

— 2 —
▼

赤 红 壤

攀枝花仁和区平地镇夹石赤红泥土

根据中国土壤发生分类系统，该剖面土壤属于赤红壤，亚类为赤红壤性土，土属为夹石赤红泥土。

中国土壤系统分类：酸性铁质干润雏形土。

美国土壤系统分类：典型不饱和半干润始成土（Typic Dystrustepts）。

世界土壤资源参比基础：不饱和艳色雏形土（Dystric Chromic Cambisols）。

调查采样时间：2021 年 1 月 12 日。

● 位置与环境条件

调查地位于攀枝花市仁和区平地镇农机厂（图 2-1），101.830 970 38° E、26.207 097 92° N，海拔 1 767 m，南亚热带半湿润气候，年均温 20.3℃，年均降水量 765.5 mm，年均蒸散量 1 328.5 mm，干燥度 1.74，成土母质为新元古代闪长岩（δPt_3）或古新统江底河组三段（KEj^3）泥岩 – 粉砂岩的残坡积物，旱地。

● 诊断层与诊断特征

成土过程主要是较强的脱硅富铝化过程。土壤具有风化度高，弱酸化，生物质分解快、积累少等特点。诊断层为淡薄表层、雏形层。诊断特征包括半干润土壤水分状况，铁质特性，土壤呈酸性，有聚铁网纹层，砾石或岩屑含量较高等。见图 2-2。

● 利用性能简评

由于强烈的风化淋溶作用和人为活动，土壤中生物积累量低，有机质和氮素养分较贫乏，有效磷含量中等，速效钾丰富。土壤呈酸性，土壤中夹杂较多砾石或母岩碎块。植烟时应当增施有机肥，补充氮素，调节土壤养分平衡。

攀枝花仁和区平地镇夹石赤红泥土的具体情况见表 2-1、表 2-2。

图2-1 攀枝花仁和区平地镇植烟土地景观

Ap：0～<20cm，淡黄红色（7.5YR 7/6），壤土，团块状结构，坚实，有大量植物根系。

Bw1：20～<50 cm，淡黄红色（5YR 6/6），壤土，团块状结构，稍坚实，有较多根系。

Bw2：50～<75 cm，黄红色（2.5YR 4/8），壤土，稍坚实，有大块状砾石，夹杂部分根系。

B1：75～<90 cm，亮黄红色（7.5YR 8/6），坚实，具聚铁网纹，有植物根系。

R：90～120 cm，红棕色（5YR 5/8），红色砂岩及风化体。

图2-2　夹石赤红泥土剖面结构

表2-1 攀枝花仁和区平地镇夹石赤红泥土物理性状

| 土层厚度 /cm | 机械组成 /% | | | | 质地 | 容重 / (g·cm⁻³) |
	黏粒 < 0.002 mm	细粉粒 0.002~< 0.02 mm	粗粉粒 0.02~< 0.05 mm	砂粒 0.05~2.0 mm		
0~< 20	9.07	30.24	19.76	40.93	壤土	1.47
20~< 40	10.89	26.01	19.15	43.95	壤土	1.12
40~60	13.10	28.63	19.56	38.71	壤土	0.91

表2-2 攀枝花仁和区平地镇夹石赤红泥土养分与化学性质

土层厚度 /cm	pH 值	有机质 /(g·kg⁻¹)	全氮 /(g·kg⁻¹)	全磷 /(g·kg⁻¹)	全钾 /(g·kg⁻¹)	碱解氮 /(mg·kg⁻¹)	有效磷 /(mg·kg⁻¹)	速效钾 /(mg·kg⁻¹)	CEC[①] [cmol(+)/kg]
0~< 20	4.95	13.50	0.67	0.56	11.76	74	14.1	182	11.4
20~< 40	5.57	15.80	0.80	0.47	11.80	70	2.5	87	6.5
40~60	4.98	4.41	0.36	0.29	15.03	21	9.3	70	6.6

① CEC：全称是 cation exchange capacity，阳离子交换量。

—3—

▼

红　壤

3.1 凉山州会东县堵格镇黄红泥土

根据中国土壤发生分类系统，该剖面土壤属于红壤，亚类为黄红壤，土属为黄红泥土。

中国土壤系统分类：黄色简育湿润富铁土。

美国土壤系统分类：典型简育湿润老成土 (Typic Hapludults)。

世界土壤资源参比基础：黄色低活性强酸土 (Xanthic Acrisols)。

调查采样时间：2021 年 3 月 9 日。

● **位置与环境条件**

调查地位于凉山州会东县堵格镇火山村（图 3-1、图 3-2），102.624 251 81° E、26.694 096 63° N，海拔 2 351 m，中亚热带半湿润气候，年均温 16.1℃，年均降水量 1 058.0 mm，年均蒸散量 1 202.0 mm，干燥度 1.1，成土母质为寒武系上统二道水组（∈₃e）白云质灰岩夹泥灰岩残坡积物，旱地。

● **诊断层与诊断特征**

成土过程主要是脱硅富铝化过程，由于氧化铁的水化作用较强，土壤表层产生黄化过程。诊断层包括淡薄表层、雏形层。诊断特征包括半干润土壤水分状况，铁质特性，上黄下红的剖面分异，土体呈中性反应，水合氧化铁含量较高等。见图 3-3。

● **利用性能简评**

土体深厚，耕层质地较适中，下层土壤紧实，土壤呈中性，有机质含量缺乏，矿质养分含量中等，土壤保肥供肥能力一般。植烟时应深耕熟化，结合有机肥施用以改良土壤结构，配合施用氮、磷肥。

凉山州会东县堵格镇黄红泥土具体情况见表 3-1、表 3-2。

图3-1 凉山州会东县堵格镇火山村植烟区地形地貌特征

图3-2 凉山州会东县堵格镇火山村植烟土地景观

　　Ap：0～<25 cm，亮黄色（7.5YR 8/6），砂壤土，屑粒状和碎块状结构，松散，有多量根系。

　　Bw1：25～<50 cm，亮橙色（5YR 6/8)），壤土，小块状结构，较紧，有较多根系。

　　Bw2：50～<80 cm，黄红色（湿，5YR 5/6)，壤土，块状结构，紧实，有少量根系。

　　Bw3：80～100 cm，暗红棕色（5YR 4/4)，壤土，块状结构，紧实。

图3-3　黄红泥土剖面结构

表3-1　凉山州会东县堵格镇黄红泥土物理性状

土层厚度/cm	机械组成 /%				质地	容重/ (g·cm⁻³)
	黏粒< 0.002 mm	细粉粒0.002～< 0.02 mm	粗粉粒0.02～< 0.05 mm	砂粒0.05～2.0 mm		
0～< 20	12.10	17.14	16.33	54.44	砂壤土	1.09
20～< 40	11.69	19.35	18.35	50.60	壤土	1.27
40～60	14.72	22.18	15.73	47.38	壤土	1.38

表3-2　凉山州会东县堵格镇黄红泥土养分与化学性质

土层厚度/cm	pH 值	有机质/(g·kg⁻¹)	全氮/(g·kg⁻¹)	全磷/(g·kg⁻¹)	全钾/(g·kg⁻¹)	碱解氮/(mg·kg⁻¹)	有效磷(mg·kg⁻¹)	速效钾(mg·kg⁻¹)	CEC[cmol (+)/kg]
0～< 20	7.26	16.80	1.04	0.59	46.85	108	17.4	138	14.3
20～< 40	7.02	5.87	0.48	0.29	45.29	54	3.2	83	13.5
40～60	7.38	8.37	0.54	0.27	47.15	53	3.8	78	17.5

3.2　凉山州普格县大坪乡褐红泥土

根据中国土壤发生分类系统，该剖面土壤属于红壤，亚类为山原红壤，土属为褐红泥土。

中国土壤系统分类：普通简育湿润富铁土。

美国土壤系统分类：典型简育湿润老成土 (Typic Hapludults)。

世界土壤资源参比基础：简育低活性强酸土 (Haplic Acrisols)。

调查采样时间：2021 年 3 月 13 日。

● 位置与环境条件

调查地位于凉山州普格县大坪乡地莫村（图 3-4、图 3-5），102.599 313 58° E、

27.328 186 05° N，海拔 2 032 m，中亚热带湿润气候，年均温 16.2 ℃，年均降水量 1 164.4 mm，年均蒸散量 1 182.7 mm，干燥度 1.0，成土母质为二叠系阳新统阳新组（P_2y）碳酸盐岩残坡积物，旱地。

● **诊断层与诊断特征**

成土过程主要是脱硅富铝化过程，土壤粗骨性、幼年性特征明显。诊断层包括淡薄表层、雏形层。诊断特征包括湿润土壤水分状况，铁质特性，土体呈微酸性－中性反应，深厚的红色均质土层，水合氧化铁含量较高等。见图 3-6。

● **利用性能简评**

土壤具有淋溶作用弱、酸度低、盐基饱和度高、有机质积累较少的特点。土壤呈微酸性，耕层厚度 25 cm，质地黏重，结构差，易板结，有机质含量中等，氮、钾含量丰富，有效磷缺乏，保肥能力一般，植烟时易受干旱限制，应加强水土保持，修建水利工程，利用冬闲地种植绿肥，增施有机肥，加速土壤熟化，提高抗旱能力。

凉山州普格县大坪乡褐红泥土具体情况见表 3-3、表 3-4。

图3-4　凉山州普格县大坪乡地莫村植烟区地形地貌特征

图3-5　凉山州普格县大坪乡地莫村植烟土地景观

　　Ap: 0～<25 cm，浅黄褐色（5YR 7/6），砂壤土，疏松，团块状结构，有较多植物根系。

　　Bw1: 25～<70 cm，淡红褐色（10R 5/4），砂壤土，稍紧实，棱块状结构，有较多砾石。

　　Bw2: 70～130 cm，深红褐色（10R 3/3），砂壤土，紧实。

图3-6　褐红泥土剖面结构

表3-3 凉山州普格县大坪乡褐红泥土物理性状

土层厚度/cm	机械组成 /%				质地	容重/(g·cm⁻³)
	黏粒 <0.002 mm	细粉粒 0.002～<0.02 mm	粗粉粒 0.02～<0.05 mm	砂粒 0.05～2.0 mm		
0～<20	7.06	8.67	13.71	70.56	砂壤土	1.27
20～<40	8.87	10.89	13.91	66.33	砂壤土	1.38
40～60	6.65	12.70	13.71	66.94	砂壤土	1.28

表3-4 凉山州普格县大坪乡褐红泥土养分与化学性质

土层厚度/cm	pH值	有机质/(g·kg⁻¹)	全氮/(g·kg⁻¹)	全磷/(g·kg⁻¹)	全钾/(g·kg⁻¹)	碱解氮/(mg·kg⁻¹)	有效磷/(mg·kg⁻¹)	速效钾/(mg·kg⁻¹)	CEC[cmol(+)/kg]
0～<20	5.26	27.60	1.80	1.35	10.84	156	7.2	464	16.6
20～<40	6.52	18.50	0.90	1.93	11.43	71	51.7	302	18.5
40～60	6.97	11.60	0.57	1.75	11.62	50	38.5	562	18.0

3.3 凉山州会理市益门镇大磨村红泥土

根据中国土壤发生分类系统，该剖面土壤属于红壤，亚类为山原红壤，土属为红泥土。

中国土壤系统分类：红色铁质湿润雏形土。

美国土壤系统分类：典型不饱和湿润始成土 (Typic Dystrudepts)。

世界土壤资源参比基础：不饱和艳色雏形土 (Dystric Chromic Cambisols)。

调查采样时间：2021 年 3 月 5 日。

● 位置与环境条件

调查地位于凉山州会理市益门镇大磨村（图 3-7、图 3-8），102.280 763 61° E、26.829 366° N，海拔 2 074 m，中亚热带湿润气候，年均温 15.1 ℃，年均降水量

1 130.9 mm，年均蒸散量 1 112.5 mm，干燥度 1.0，成土母质为三叠系上统白果湾组（T₃bg）砾岩、砂岩残坡积物，旱地。

● **诊断层与诊断特征**

成土过程主要是脱硅富铝化过程，土壤粗骨性、幼年性特征明显。诊断层包括淡薄表层、雏形层。诊断特征包括湿润土壤水分状况，铁质特性，土体呈酸性－微酸性反应，深厚的红色均质土层，水合氧化铁含量较高等。见图 3-9。

● **利用性能简评**

土壤含石英颗粒多，质地偏砂。土体深厚，但耕层较浅，土层厚度约 20 cm，土壤呈酸性，有机质和矿质元素含量丰富，适宜发展烟草产业，植烟时注意加强田间管理，精耕细作，采用配方施肥技术，提高土壤保肥、蓄水能力。

凉山州会理市益门镇大磨村红泥土具体情况见表 3-5、表 3-6。

图3-7　凉山州会理市益门镇大磨村植烟区地形地貌特征

图3-8 凉山州会理市益门镇大磨村植烟土地景观

Ap: 0～<20 cm, 黄橙色 (5YR 7/4), 砂壤土, 屑粒状结构, 疏松, 根多。

Bw1: 20～<36 cm, 亮红橙色 (2.5YR 6/6), 砂壤土, 小块状结构, 紧实, 根较多。

Bw2: 36～118 cm, 暗红色 (湿, 10R 4/5), 砂壤土, 块状结构, 极紧, 根少。

图3-9　红泥土剖面结构

表3-5 凉山州会理市益门镇大磨村红泥土物理性状

| 土层厚度/cm | 机械组成 /% | | | | 质地 | 容重/（g·cm⁻³） |
	黏粒<0.002 mm	细粉粒0.002～<0.02 mm	粗粉粒0.02～<0.05 mm	砂粒0.05～2.0 mm		
0～<20	4.64	7.66	7.06	80.65	砂壤土	0.90
20～<40	6.25	8.27	7.26	78.23	砂壤土	1.08
40～60	8.67	6.65	13.71	70.97	砂壤土	1.18

表3-6 凉山州会理市益门镇大磨村红泥土养分与化学性质

土层厚度/cm	pH值	有机质/（g·kg⁻¹）	全氮/（g·kg⁻¹）	全磷/（g·kg⁻¹）	全钾/（g·kg⁻¹）	碱解氮/（mg·kg⁻¹）	有效磷/（mg·kg⁻¹）	速效钾/（mg·kg⁻¹）	CEC[cmol(+)/kg]
0～<20	5.49	33.10	1.93	1.19	6.07	167	21.1	323	15.4
20～<40	5.38	21.00	1.31	0.87	4.64	72	9.4	75	13.3
40～60	5.72	12.10	0.87	0.90	4.12	63	7.8	68	12.6

3.4 凉山州会理市益门镇白果村红泥土

根据中国土壤发生分类系统，该剖面土壤属于红壤，亚类为山原红壤，土属为红泥土。

中国土壤系统分类：红色铁质湿润雏形土。

美国土壤系统分类：典型不饱和湿润始成土 (Typic Dystrudepts)。

世界土壤资源参比基础：不饱和艳色雏形土 (Dystric Chromic Cambisols)。

调查采样时间：2021 年 3 月 4 日。

● 位置与环境条件

调查地位于凉山州会理市益门镇白果村（图3-10），102.270 994 36° E、26.898 286 72° N，海拔 1 974 m，中亚热带湿润气候，年均温 15.1 ℃，年均降水量

1 130.9 mm，年均蒸散量 1 112.5 mm，干燥度 1.0，成土母质为三叠系上统白果湾组（T_3bg）砾岩、砂岩残坡积物，旱地。

● **诊断层与诊断特征**

成土过程主要是脱硅富铝化过程、盐基淋失过程，土壤粗骨性、幼年性特征明显。诊断层包括淡薄表层、雏形层。诊断特征包括湿润土壤水分状况、铁质特性，土体呈酸性反应，深厚的红色均质土层，水合氧化铁含量较高等。见图3-11。

● **利用性能简评**

土体深厚，但耕层较浅，土层厚度约 20 cm，表层质地偏砂，下层土体稍黏重。土体耕性和通透性适中，酸性较强，腐殖质层较薄，有机质和氮素含量中等，磷、钾较丰富，粗骨性强，不易保水保肥，植烟时需深耕培土，增施有机肥，加深土层，改良土壤结构，增强蓄水保肥能力，合理轮作，减少酸性肥料的使用。

凉山州会理市益门镇白果村红泥土具体情况见表3-7、表3-8。

图3-10 凉山州会理市益门镇白果村植烟土地景观

　　Ap：0～<20 cm，亮红棕色（2.5YR 6/6），砂壤土，松散，团块状结构，土体中有大量根系。

　　Bw1：20～<40 cm，亮红棕色（10R 6/6），砂壤土，稍紧实，土体中有较多根系。

　　Bw2：40～115 cm，暗红棕色（10R 4/4），砂壤土，屑粒状结构，紧实。

图3-11　红泥土剖面结构

表3-7 凉山州会理市益门镇白果村红泥土物理性状

土层厚度 /cm	机械组成 /%				质地	容重 /(g·cm⁻³)
	黏粒 < 0.002 mm	细粉粒 0.002～< 0.02 mm	粗粉粒 0.02～< 0.05 mm	砂粒 0.05～2.0 mm		
0～< 20	5.04	10.69	13.51	70.77	砂壤土	0.98
20～< 40	10.69	8.67	17.74	62.90	砂壤土	1.32
40～60	11.09	12.90	14.52	61.49	砂壤土	1.41

表3-8 凉山州会理市益门镇白果村红泥土养分与化学性质

土层厚度 /cm	pH 值	有机质 /(g·kg⁻¹)	全氮 /(g·kg⁻¹)	全磷 /(g·kg⁻¹)	全钾 /(g·kg⁻¹)	碱解氮 /(mg·kg⁻¹)	有效磷 /(mg·kg⁻¹)	速效钾 /(mg·kg⁻¹)	CEC [cmol(+)/kg]
0～< 20	4.71	25.40	1.33	0.86	2.50	125	75.2	323	11.1
20～< 40	4.71	20.00	1.15	0.62	2.46	97	21.6	205	9.9
40～60	4.66	17.20	1.05	0.60	4.65	84	1.1	200	10.3

3.5 凉山州会理市黎溪镇红泥土

根据中国土壤发生分类系统，该剖面土壤属于红壤，亚类为山原红壤，土属为红泥土。

中国土壤系统分类：红色铁质湿润雏形土。

美国土壤系统分类：典型不饱和湿润始成土 (Typic Dystrudepts)。

世界土壤资源参比基础：不饱和艳色雏形土 (Dystric Chromic Cambisols)。

调查采样时间：2021 年 3 月 6 日。

● 位置与环境条件

调查地位于凉山州会理市黎溪镇盐河村（图 3-12），102.015 071 13° E、

26.296 009 93° N，海拔 1 748 m，中亚热带湿润气候，年均温 15.1℃，年均降水量 1 130.9 mm，年均蒸散量 1 112.5 mm，干燥度 1.0，成土母质为第四系全新统冲洪积物（Q_4^{al}）或元古代会理群河口组（Pt_1h）二云母片岩残坡积物，旱地。

● 诊断层与诊断特征

成土过程主要是脱硅富铝化过程，土壤粗骨性、幼年性特征明显。诊断层包括淡薄表层、雏形层。诊断特征包括湿润土壤水分状况，铁质特性，土体呈酸性－微酸性反应，深厚的红色均质土层，水合氧化铁含量较高等。见图3-13。

● 利用性能简评

土壤强烈黏化，以残积黏化为主，土壤矿物风化度高，含石英颗粒多，质地偏砂。土体深厚，但耕层浅薄，土层厚度约 15 cm，有机质含量缺乏，氮素含量中等，有效磷丰富，速效钾缺乏，土壤保肥性能偏弱，植烟时应深耕除石，精耕细作，促进土壤有机质的积累，补充氮、钾肥，采用覆盖保墒和配方施肥技术，提高土壤保肥、蓄水能力。

凉山州会理市黎溪镇红泥土具体情况见表3-9、表3-10。

图3-12 凉山州会理市黎溪镇盐河村植烟土地景观

Ap: 0～<15 cm, 亮黄红色(5YR 5/8), 砂壤土, 屑粒状结构, 松散, 有大量植物残体。

Bw1: 15～<60 cm, 亮红色(2.5YR 5/8), 砂壤土, 稍紧实, 团块状结构, 根系渐少。

Bw2: 60～130 cm, 深红色(10R 4/6), 砂壤土, 紧实, 团块状结构。

图3-13 红泥土剖面结构

表3-9　凉山州会理市黎溪镇红泥土物理性状

土层厚度/cm	机械组成 /%				质地	容重/(g·cm⁻³)
	黏粒 <0.002 mm	细粉粒 0.002~<0.02 mm	粗粉粒 0.02~<0.05 mm	砂粒 0.05~2.0 mm		
0~<20	3.63	9.68	15.32	71.37	砂壤土	0.95
20~<40	7.66	11.09	15.73	65.52	砂壤土	1.20
40~60	9.27	10.28	18.15	62.30	砂壤土	1.23

表3-10　凉山州会理市黎溪镇红泥土养分与化学性质

土层厚度/cm	pH值	有机质/(g·kg⁻¹)	全氮/(g·kg⁻¹)	全磷/(g·kg⁻¹)	全钾/(g·kg⁻¹)	碱解氮/(mg·kg⁻¹)	有效磷/(mg·kg⁻¹)	速效钾/(mg·kg⁻¹)	CEC[cmol(+)/kg]
0~<20	4.87	17.80	1.00	0.76	9.12	108	36.2	98	11.6
20~<40	4.60	14.00	0.75	0.74	9.24	66	4.4	72	12.7
40~60	6.10	5.43	0.31	0.46	9.31	30	12.4	55	15.8

3.6 攀枝花米易县丙谷镇护林村红泥土

根据中国土壤发生分类系统，该剖面土壤属于红壤，亚类为山原红壤，土属为红泥土。

中国土壤系统分类：酸性铁质干润雏形土。

美国土壤系统分类：典型不饱和半干润始成土 (Typic Dystrustepts)。

世界土壤资源参比基础：不饱和艳色雏形土 (Dystric Chromic Cambisols)。

调查采样时间：2021 年 1 月 7 日。

● 位置与环境条件

调查地位于攀枝花市米易县丙谷镇护林村（图 3-14、图 3-15），102.123 864 27°E、26.665 396 05°N，海拔 2 293 m，南亚热带半湿润气候，年均温

19.5℃，年均降水量 1 080.8 mm，年均蒸散量 1 365.6 mm，干燥度 1.26，成土母质为二叠系阳新统（δP_2）石英闪长岩，旱地。

● 诊断层与诊断特征

成土过程主要是脱硅富铝化过程，土壤粗骨性、幼年性特征明显。诊断层包括淡薄表层、雏形层。诊断特征包括半干润土壤水分状况，铁质特性，土体呈酸性－强酸性反应，深厚的红色均质土层，水合氧化铁含量较高等。见图 3-16。

● 利用性能简评

气候炎热，土壤呈酸性。耕层较浅，土层厚度约 20 cm，质地适中，耕性和通透性尚可，有机质含量丰富，氮、钾含量很丰富，有效磷中等，土壤保肥性能好，植烟时应注意平衡施肥，控制氮、钾用量，适当补充磷肥。

攀枝花市米易县丙谷镇红泥土具体情况见表 3-11、表 3-12。

图3-14 攀枝花市米易县丙谷镇护林村植烟区地形地貌特征

图3-15 攀枝花市米易县丙谷镇护林村植烟土地景观

Ap: 0～<20 cm, 浅黄红色 (5YR 7/6), 砂壤土, 屑粒状结构, 土体松散, 有大量根系。

Bw1: 20～<50 cm, 黄红色 (5YR 5/6), 砂壤土, 小团块状结构, 稍紧实, 有部分根系。

Bw2: 50～<80 cm, 黄棕色 (7.5YR 5/8), 砂壤土, 团块状结构, 紧实。

Bw3: 80～118 cm, 淡黄橙色 (7.5YR 7/6), 砂壤土, 团块状结构, 紧实。

图3-16 红泥土剖面结构

表3-11 攀枝花市米易县丙谷镇红泥土物理性状

土层厚度/cm	机械组成 /%				质地	容重/(g·cm⁻³)
	黏粒 < 0.002 mm	细粉粒 0.002~< 0.02 mm	粗粉粒 0.02~< 0.05 mm	砂粒 0.05~2.0 mm		
0~< 20	12.30	15.32	9.88	62.50	砂壤土	1.17
20~< 40	11.69	19.96	15.73	52.62	砂壤土	1.28
40~60	13.51	19.15	13.10	54.23	砂壤土	0.92

表3-12 攀枝花市米易县丙谷镇红泥土养分与化学性质

土层厚度/cm	pH 值	有机质/(g·kg⁻¹)	全氮/(g·kg⁻¹)	全磷/(g·kg⁻¹)	全钾/(g·kg⁻¹)	碱解氮/(mg·kg⁻¹)	有效磷/(mg·kg⁻¹)	速效钾/(mg·kg⁻¹)	CEC[cmol(+)/kg]
0~< 20	5.68	39.40	2.14	2.03	11.40	209	17.1	1356	25.2
20~< 40	5.45	15.20	0.79	1.35	15.70	80	11.6	642	13.4
40~60	5.42	6.98	0.31	1.24	17.53	37	33.1	379	8.7

3.7 攀枝花米易县丙谷镇高隆村红泥土

根据中国土壤发生分类系统，该剖面土壤属于红壤，亚类为山原红壤，土属为红泥土。

中国土壤系统分类：酸性铁质干润雏形土。

美国土壤系统分类：典型不饱和干润始成土 (Typic Dystrustepts)。

世界土壤资源参比基础：不饱和艳色雏形土 (Dystric Chromic Cambisols)。

调查采样时间：2021 年 1 月 9 日。

● 位置与环境条件

调查地位于攀枝花市米易县丙谷镇高隆村（图3-17），102.171 773 71° E、26.752 858° N，海拔 2 094 m，南亚热带半湿润气候，年均温 19.5 ℃，年均降水量

1 080.8 mm，年均蒸散量 1 365.6 mm，干燥度 1.26，成土母质为二叠系乐平统峨眉山玄武岩（$P_3\beta$）残坡积物，旱地。

● **诊断层与诊断特征**

成土过程主要是脱硅富铝化过程。诊断层包括淡薄表层、雏形层。诊断特征包括半干润土壤水分状况，铁质特性，土体呈酸性反应，深厚的红色均质土层，水合氧化铁含量较高等。见图 3-18。

● **利用性能简评**

气候炎热，土壤呈酸性，土壤矿物风化度高，质地偏砂。耕层厚度 20～30 cm，夹杂较多砾石，有机质和氮素含量中等，磷、钾含量丰富，土壤保肥性能强，植烟时应深耕除石，增施优质有机肥和氮肥，覆盖保墒，合理轮作。

攀枝花市米易县丙谷镇红泥土具体情况见表 3-13、表 3-14。

图3-17　攀枝花市米易县丙谷镇高隆村植烟土地景观

Ap: 0～<20 cm, 黄橙色（7.5YR 7/6）, 砂壤土, 小团块状结构, 松散, 夹杂砾石, 有大量根系。

AB: 20～<35 cm, 暗黄红色（5YR 4/6）, 砂壤土, 小团块状结构, 稍紧实, 有植物根系。

Bw: 35～<70 cm, 亮红棕色（5YR 6/4）, 砂壤土, 团块状结构, 稍紧实。

BC: 70～115 cm, 亮黄橙色（5YR 7/6）, 团块状结构, 夹杂大块岩石。

图3-18 红泥土剖面结构

表3-13　攀枝花市米易县丙谷镇红泥土物理性状

| 土层厚度/cm | 机械组成 /% | | | | 质地 | 容重/(g·cm⁻³) |
	黏粒< 0.002 mm	细粉粒0.002～< 0.02 mm	粗粉粒0.02～< 0.05 mm	砂粒0.05～2.0 mm		
0～< 20	5.65	7.26	14.11	72.98	砂壤土	0.99
20～< 40	7.86	6.65	15.93	69.56	砂壤土	1.11
40～60	8.47	9.48	15.73	66.33	砂壤土	0.98

表3-14　攀枝花市米易县丙谷镇红泥土养分与化学性质

土层厚度/cm	pH 值	有机质/(g·kg⁻¹)	全氮/(g·kg⁻¹)	全磷/(g·kg⁻¹)	全钾/(g·kg⁻¹)	碱解氮/(mg·kg⁻¹)	有效磷/(mg·kg⁻¹)	速效钾/(mg·kg⁻¹)	CEC[cmol(+)/kg]
0～< 20	5.08	20.40	1.04	1.85	7.86	108	24.8	650	30.6
20～< 40	5.22	10.70	0.56	1.74	7.85	54	37.7	315	10.0
40～60	5.29	12.80	0.65	1.62	7.62	49	8.9	43	8.7

3.8　攀枝花米易县丙谷镇新山村红泥土

根据中国土壤发生分类系统，该剖面土壤属于红壤，亚类为山原红壤，土属为红泥土。

中国土壤系统分类：普通铁质干润淋溶土。

美国土壤系统分类：典型简育干润淋溶土 (Typic Haplustalfs)。

世界土壤资源参比基础：简育艳色高活性淋溶土 (Haplic Chromic Luvisols)。

调查采样时间：2021 年 1 月 10 日。

● 位置与环境条件

调查地位于攀枝花市米易县丙谷镇新山村（图 3-19、图 3-20），102.164 106 54° E、

26.787 752 19° N，海拔 2 078 m，南亚热带半湿润气候，年均温 19.5℃，年均降水量 1 080.8 mm，年均蒸散量 1 365.6 mm，干燥度 1.26，成土母质为二叠系乐平统峨眉山玄武岩（$P_3\beta$）残坡积物，旱地。见图 3-21。

● **诊断层与诊断特征**

成土过程主要是脱硅富铝化、黏化过程。诊断层包括淡薄表层、黏化层。诊断特征包括半干润土壤水分状况，铁质特性，土体呈酸性－强酸性反应，深厚的红色均质土层，水合氧化铁含量较高等。

● **利用性能简评**

气候炎热，土壤呈酸性。土体较厚，耕层厚度约 20 cm，土体中含有数量不等的砾石，影响耕作。耕层有机质和矿质养分含量丰富，但土壤保肥性能中等，植烟时应精耕细作，覆盖保墒，改良土壤结构，提高土壤保肥、蓄水能力。

攀枝花市米易县丙谷镇红泥土具体情况见表 3-15、表 3-16。

图3-19 攀枝花市米易县丙谷镇新山村植烟区地形地貌特征

图3-20 攀枝花市米易县丙谷镇新山村植烟土地景观

Ap: 0～<20 cm，浅红褐色（2.5YR 7/6），砂壤土，屑粒状结构，疏松，有大量根系。

Bw1: 20～<45 cm，浅红褐色（2.5YR 6/6），砂壤土，团块状结构，稍紧实，有根系。

Bt1: 45～<75 cm，红褐色（10R 5/6），砂壤土，团块状结构，稍紧实，有根系，结构面有大量黏粒胶膜。

Bt2: 75～108 cm，暗红褐色（10R 4/4），砂壤土，团块状结构，稍紧实，结构面有黏粒胶膜。

图3-21　红泥土剖面结构

表3-15 攀枝花米易县丙谷镇红泥土物理性状

土层厚度/cm	机械组成 /%				质地	容重/(g·cm⁻³)
	黏粒 < 0.002 mm	细粉粒 0.002～< 0.02 mm	粗粉粒 0.02～< 0.05 mm	砂粒 0.05～2.0 mm		
0～< 20	9.48	14.31	15.52	60.69	砂壤土	1.17
20～< 40	14.92	13.71	16.33	55.04	砂壤土	1.20
40～60	15.73	10.89	18.75	54.64	砂壤土	1.38

表3-16 攀枝花米易县丙谷镇红泥土养分与化学性质

土层厚度/cm	pH 值	有机质/(g·kg⁻¹)	全氮/(g·kg⁻¹)	全磷/(g·kg⁻¹)	全钾/(g·kg⁻¹)	碱解氮/(mg·kg⁻¹)	有效磷/(mg·kg⁻¹)	速效钾/(mg·kg⁻¹)	CEC[cmol(+)/kg]
0～< 20	5.94	36.70	1.76	2.08	4.19	156	52.1	808	17.2
20～< 40	5.45	27.10	1.35	1.45	4.79	116	7.9	228	12.8
40～60	5.54	20.30	0.98	1.31	4.53	34	4.0	274	14.7

—4—
▼
黄　壤

4.1　泸州市古蔺县箭竹乡矿子黄泥土

根据中国土壤发生分类系统，该剖面土壤属于黄壤，亚类为典型黄壤，土属为矿子黄泥土。

中国土壤系统分类：普通铁质湿润淋溶土。

美国土壤系统分类：典型简育湿润淋溶土 (Typic Hapludalfs)。

世界土壤资源参比基础：简育薄层高活性淋溶土 (Haplic Leptic Luvisols)。

调查采样时间：2021 年 1 月 30 日。

● **位置与环境条件**

调查地位于泸州市古蔺县箭竹乡团结村（图 4-1），105.607 606 63°E、28.037 206 18°N，海拔 1 019 m，中亚热带（半）湿润气候，年均温 17.6℃，年均降水量 761.8 mm，成土母质为三叠系下统嘉陵江组（T_1j）灰岩、白云岩残坡积物，旱地。

● **诊断层与诊断特征**

成土过程除了脱硅富铝化过程和生物富集过程外，还具有独特的黄化过程。黄壤的化学风化过程弱，有一定的淋淀黏化过程。诊断层包括淡薄表层、黏化层，诊断特征包括湿润土壤水分状况，铁质特性，水合氧化铁含量高，剖面呈黄色，土壤呈酸性，质地黏重等。见图 4-2。

● **利用性能简评**

土壤形成于亚热带山地湿润气候条件，随着风化淋溶作用，土壤经历脱硅富铝化和盐基淋失过程。土壤呈酸性，土体较浅薄，质地黏重。有机质含量中等偏上，氮、磷养分丰富，速效钾含量中等，保肥性能一般，在植烟时应根据母质特征有所侧重地改良土质，总体上需合理轮作和施肥，提高土壤肥力。

泸州市古蔺县箭竹乡矿子黄泥土具体情况见表 4-1、表 4-2。

图4-1 泸州市古蔺县箭竹乡团结村植烟土地景观

  Ap：0～＜22 cm，橄榄棕（2.5Y 5/3），砂壤土，团块状结构，疏松，有大量根系。

  Bt1：22～＜60 cm，橄榄黄（2.5Y 5/6），砂壤土至壤土，屑粒状结构，紧实，结构面有黏粒胶膜，根系较少。

  Bt2：60～90 cm，亮黄色（2.5Y 7/6），壤土，屑粒状结构，紧实，结构面有黏粒胶膜。

图4-2　矿子黄泥土剖面结构

表4-1   泸州市古蔺县箭竹乡矿子黄泥土物理性状

| 土层厚度/cm | 机械组成/% | | | | 质地 | 容重/(g·cm⁻³) |
	黏粒<0.002 mm	细粉粒0.002～<0.02 mm	粗粉粒0.02～<0.05 mm	砂粒0.05～2.0 mm		
0～<20	14.52	19.96	11.69	53.83	砂壤土	1.34
20～<40	11.09	22.98	13.10	52.82	砂壤土	1.47
40～60	13.71	23.31	11.37	51.61	壤土	1.16

表4-2   泸州市古蔺县箭竹乡矿子黄泥土养分与化学性质

土层厚度/cm	pH值	有机质/(g·kg⁻¹)	全氮/(g·kg⁻¹)	全磷/(g·kg⁻¹)	全钾/(g·kg⁻¹)	碱解氮/(mg·kg⁻¹)	有效磷/(mg·kg⁻¹)	速效钾/(mg·kg⁻¹)	CEC[cmol(+)/kg]
0～<20	4.88	32.10	1.85	1.12	21.38	171	39.8	138	15.6
20～<40	4.86	18.40	1.25	0.58	19.75	101	7.8	95	9.3
40～60	5.87	18.60	1.26	0.65	19.38	109	0.5	64	7.4

4.2   泸州市叙永县水潦乡矿子黄泥土

根据中国土壤发生分类系统，该剖面土壤属于黄壤，亚类为典型黄壤，土属为矿子黄泥土。

中国土壤系统分类：斑纹铁质湿润淋溶土。

美国土壤系统分类：典型铁质湿润淋溶土 (Typic Ferrudalfs)。

世界土壤资源参比基础：简育铁质高活性淋溶土 (Haplic Ferric Luvisols)。

调查采样时间：2021 年 1 月 25 日。

● 位置与环境条件

调查地位于泸州市叙永县水潦乡高坪村（图 4-3、图 4-4），105.308 490 18° E、

27.781 007 71°N，海拔 1 336 m，中亚热带湿润气候，年均温 18.0℃，年均降水量 1 172.6 mm，年均蒸散量 791.8 mm，干燥度 0.68，成土母质为寒武系中上统娄山关群（∈Ool）白云岩残坡积物，旱地。见图 4-5。

● **诊断层与诊断特征**

成土过程除了脱硅富铝化过程和生物富集过程外，还具有独特的黄化过程。黄壤化学风化过程弱，有一定的淋淀黏化过程。诊断层包括黏化层和铁铝淀积层。诊断特征包括湿润土壤水分状况，铁质特性，氧化还原特征，水合氧化铁含量高，剖面呈黄色，土壤呈酸性，质地黏重等。

● **利用性能简评**

土体深厚，耕层厚度约 25 cm。土壤偏酸，通透性差，具有明显的黏、酸、板、瘦特征，有机质含量缺乏，氮素含量中等，磷、钾丰富。土壤保肥性能弱，植烟时应注重排除滞水，实行冬炕，提高土温，增施有机肥，以改良土壤结构。

泸州市叙永县水潦乡矿子黄泥土具体情况见表 4-3、表 4-4。

图4-3　泸州市叙永县水潦乡高坪村植烟区地形地貌特征

图4-4 泸州市叙永县水潦乡高坪村植烟土地景观

Ap: 0～<25 cm，暗黄褐色（10YR 3/6），砂壤土，团粒状结构，松散，有大量根系。

Btr1: 25～<42 cm，黄褐色（10YR 5/8），砂壤土，屑粒状结构，紧实，结构面有大量黏粒胶膜和锈斑纹，土体中有铁锰结核。

Btr2: 42～125 cm，亮黄色（10YR 7/8），砂壤土，屑粒状结构，紧实，结构面有一定的黏粒胶膜和锈斑纹，土体中有铁锰结核。

图4-5　矿子黄泥土剖面结构

表4-3 泸州市叙永县水潦乡矿子黄泥土物理性状

| 土层厚度/cm | 机械组成/% | | | | 质地 | 容重/(g·cm⁻³) |
	黏粒 <0.002 mm	细粉粒 0.002~<0.02 mm	粗粉粒 0.02~<0.05 mm	砂粒 0.05~2.0 mm		
0~<20	8.67	15.12	13.51	62.70	砂壤土	1.30
20~<40	10.48	10.89	13.51	65.12	砂壤土	1.22
40~60	9.68	14.92	17.14	58.27	砂壤土	0.74

表4-4 泸州市叙永县水潦乡矿子黄泥土养分与化学性质

土层厚度/cm	pH 值	有机质/(g·kg⁻¹)	全氮/(g·kg⁻¹)	全磷/(g·kg⁻¹)	全钾/(g·kg⁻¹)	碱解氮/(mg·kg⁻¹)	有效磷/(mg·kg⁻¹)	速效钾/(mg·kg⁻¹)	CEC[cmol(+)/kg]
0~<20	5.16	19.70	1.25	0.91	27.72	126	68.6	460	9.4
20~<40	5.65	6.45	0.50	0.57	25.97	67	7.8	285	10.8
40~60	5.32	6.71	0.50	0.36	24.05	32	1.6	87	6.3

4.3 泸州市叙永县观兴镇老冲积黄泥土

根据中国土壤发生分类系统，该剖面土壤属于黄壤，亚类为典型黄壤，土属为老冲积黄泥土。

中国土壤系统分类：铁质酸性湿润淋溶土。

美国土壤系统分类：典型简育湿润淋溶土 (Typic Hapludalfs)。

世界土壤资源参比基础：简育高活性淋溶土 (Haplic Luvisols)。

调查采样时间：2021 年 1 月 26 日。

● 位置与环境条件

调查地位于泸州市叙永县观兴镇山关村（图 4-6、图 4-7），105.480 054 3° E、27.838 595 39° N，海拔 1 159 m，中亚热带湿润气候，年均温 18.0 ℃，年均降水量

1 172.6 mm，年均蒸散量 791.8 mm，干燥度 0.68，成土母质为三叠系下统嘉陵江组（T_1j）灰岩、白云岩残坡积物，旱地。

● **诊断层与诊断特征**

成土过程除了脱硅富铝化过程和生物富集过程外，还具有独特的黄化过程。黄壤化学风化过程弱，有一定的淋淀黏化过程。诊断层包括淡薄表层、黏化层。诊断特征包括湿润土壤水分状况、碳酸盐岩岩性特征，水合氧化铁含量高，剖面呈黄色，土壤呈酸性，质地黏重等。见图 4-8。

● **利用性能简评**

土体深厚，耕层厚度适中，土壤呈中性-碱性，质地较重，土体易板结，耕性和透气性不佳。有机质含量中等，矿质含量丰富，保肥性能较好，在植烟时应合理轮作和科学施肥，以促进耕层土壤有机质的积累，改善土壤团粒结构，增强土壤透气性，促进养分释放。

泸州市叙永县观兴镇老冲积黄泥土具体情况见表 4-5、表 4-6。

图4-6　泸州市叙永县观兴镇山关村植烟区地形地貌特征

图4-7　泸州市叙永县观兴镇山关村植烟土地景观

A：0～＜30 cm，棕色（7.5YR 4/3），砂壤土，团粒状结构，稍紧实，有植物根系。

Bt1：30～＜70 cm，棕色（7.5YR 5/3），砂壤土，团粒状结构，紧实，结构面有黏粒胶膜。

Bt2：70～105 cm，亮黄棕色（7.5YR 8/4），砂壤土，团粒状结构，紧实，结构面有黏粒胶膜。

图4-8　老冲积黄泥土剖面结构

表4-5　泸州市叙永县观兴镇老冲积黄泥土物理性状

土层厚度/cm	机械组成 /%				质地	容重/(g·cm⁻³)
	黏粒 <0.002 mm	细粉粒 0.002~<0.02 mm	粗粉粒 0.02~<0.05 mm	砂粒 0.05~2.0 mm		
0~<20	8.47	22.18	11.29	58.06	砂壤土	1.37
20~<40	9.27	23.19	11.29	56.25	砂壤土	1.39
40~60	10.48	23.99	10.48	55.04	砂壤土	0.90

表4-6　泸州市叙永县观兴镇老冲积黄泥土养分与化学性质

土层厚度/cm	pH 值	有机质/(g·kg⁻¹)	全氮/(g·kg⁻¹)	全磷/(g·kg⁻¹)	全钾/(g·kg⁻¹)	碱解氮/(mg·kg⁻¹)	有效磷/(mg·kg⁻¹)	速效钾/(mg·kg⁻¹)	CEC[cmol(+)/kg]
0~<20	7.63	27.30	1.75	1.38	27.82	134	122.5	878	20.4
20~<40	8.15	17.10	1.16	0.79	27.04	88	5.3	442	10.5
40~60	7.69	15.40	1.00	0.58	28.06	75	9.0	227	8.7

5

▼

黄棕壤

5.1　凉山州盐源县双河乡残坡积黄棕泡土

　　根据中国土壤发生分类系统，该剖面土壤属于黄棕壤，亚类为典型黄棕壤，土属为残坡积黄棕泡土。

　　中国土壤系统分类：斑纹简育湿润雏形土。

　　美国土壤系统分类：典型滞水潮湿始成土 (Typic Epiaquepts)。

　　世界土壤资源参比基础：饱和滞水雏形土 (Eutric Stagnic Cambisols)。

　　调查采样时间：2020 年 12 月 21 日。

● 位置与环境条件

　　调查地位于凉山州盐源县双河乡古柏村（图 5-1、图 5-2），101.575 863 66° E、27.508 9421 3° N，海拔 2 383 m，北亚热带湿润气候，年均温 12.6℃，年均降水量 793.5 mm，成土母质为第四系冲积物（Q_{1-2}^{al}），旱地。

● 诊断层与诊断特征

　　成土过程主要是生物积累、弱富铝化过程。诊断层包括淡薄表层、雏形层。诊断特征包括湿润土壤水分状况，暗色土体，盐基淋失，土壤酸化等。见图 5-3。

● 利用性能简评

　　气候干燥，降水少，土层较厚，耕层土壤厚度适宜。团粒结构良好，土壤松泡，不易板结。土壤呈酸性，有机质和氮素缺乏，有效磷含量中等，钾素丰富，保肥性能中等，植烟时应增施有机肥，改良耕层土壤结构，增强土壤保肥供肥能力，平衡施肥，促进烟株生长。

　　凉山州盐源县双河乡残坡积黄棕泡土具体情况见表 5-1、表 5-2。

图5-1　凉山州盐源县双河乡古柏村植烟区地形地貌特征

图5-2　凉山州盐源县双河乡古柏村植烟土地景观

Ap: 0～＜30 cm, 砂壤土, 团块状结构, 稍紧实, 有较多植物根系。

Br1: 30～＜50 cm, 砂壤土, 团块状结构, 稍紧实, 结构面有少量锈斑纹。

Br2: 50～＜100 cm, 砂壤土, 团块状结构, 紧实, 结构面有少量锈斑纹。

Br3: 100～115 cm, 砂壤土, 团块状结构, 紧实, 结构面有少量锈斑纹。

图5-3　残坡积黄棕泡土剖面结构

表5-1　凉山州盐源县双河乡残坡积黄棕泡土物理性状

| 土层厚度/cm | 机械组成/% | | | | 质地 | 容重/(g·cm⁻³) |
	黏粒<0.002 mm	细粉粒0.002～<0.02 mm	粗粉粒0.02～<0.05 mm	砂粒0.05～2.0 mm		
0～<20	9.07	10.48	16.53	63.91	砂壤土	1.45
20～<40	6.45	16.53	16.94	60.08	砂壤土	1.43
40～60	7.46	13.10	18.35	61.09	砂壤土	1.78

表5-2　凉山州盐源县双河乡残坡积黄棕泡土养分与化学性质

土层厚度/cm	pH值	有机质/(g·kg⁻¹)	全氮/(g·kg⁻¹)	全磷/(g·kg⁻¹)	全钾/(g·kg⁻¹)	碱解氮/(mg·kg⁻¹)	有效磷/(mg·kg⁻¹)	速效钾/(mg·kg⁻¹)	CEC[cmol(+)/kg]
0～<20	5.98	11.30	0.83	0.48	15.06	65	15.6	372	19.3
20～<40	6.15	8.56	0.72	0.23	14.29	57	0.9	146	16.4
40～60	7.43	4.53	0.36	0.29	11.15	31	5.3	692	15.4

5.2　达州市万源市井溪镇残坡积黄棕泡土

根据中国土壤发生分类系统，该剖面土壤属于黄棕壤，亚类为典型黄棕壤，土属为残坡积黄棕泡土。

中国土壤系统分类：斑纹简育湿润雏形土。

美国土壤系统分类：典型滞水潮湿始成土 (Typic Epiaquepts)。

世界土壤资源参比基础：饱和滞水雏形土 (Eutric Stagnic Cambisols)。

调查采样时间：2020 年 10 月 29 日。

● 位置与环境条件

调查地位于达州市万源市井溪镇（图 5-4），107.718 777 8° E、31.863 297 22° N，海拔 813 m，北亚热带湿润气候，年均温 14.7℃，年均降水量 1 169.3 mm，年均蒸散量

842.2 mm，干燥度 0.7，成土母质为白垩系下统苍溪组（K₁c）沙泥岩残坡积物，旱地。

● **诊断层与诊断特征**

成土过程主要是生物积累过程。诊断层包括淡薄表层、雏形层。诊断特征包括湿润土壤水分状况，暗色土体，黏粒矿物向下迁移淀积，盐基淋失，土壤酸化等。见图 5-5。

● **利用性能简评**

土层较厚，耕层适中，土层厚度约 20 cm，团粒结构良好，土壤松泡，不易板结，心土层有黏粒淀积，质地紧实。土壤呈中性至弱酸性，有机质和矿质养分含量中等偏下，保肥性能一般，植烟时应增施有机肥，深耕培土，补充矿质养分以满足烟株生长需求。

达州市万源市井溪镇残坡积黄棕泡土具体情况见表 5-3、表 5-4。

图5-4　达州市万源市井溪镇植烟土地景观

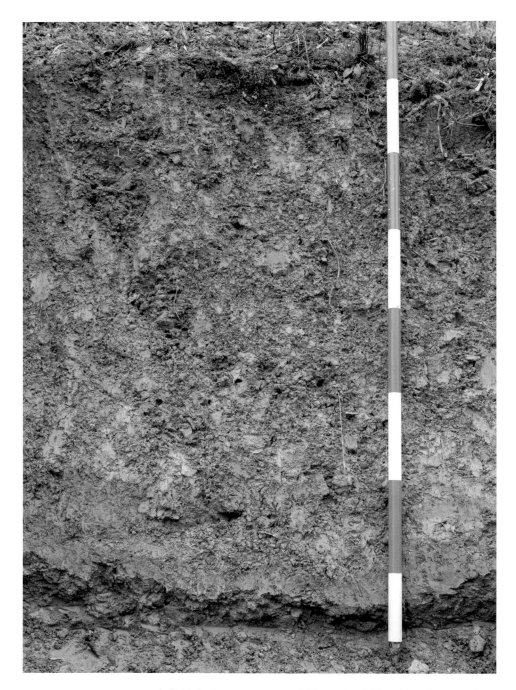

Ap：0～＜20 cm，暗黄棕色（10YR 4/6），砂壤土，团块状结构，稍紧实，有大量根系。

Bw：20～＜100 cm，黄棕色（10YR 5/8），壤土，团块状结构，紧实，有较多根系。

2Bw：100～120 cm，棕灰色（10YR 6/2），壤土，团粒状结构，稍紧实。

图5-5　残坡积黄棕泡土剖面结构

表5-3　达州市万源市井溪镇残坡积黄棕泡土物理性状

土层厚度/cm	机械组成 /%				质地	容重/(g·cm⁻³)
	黏粒 <0.002 mm	细粉粒 0.002～<0.02 mm	粗粉粒 0.02～<0.05 mm	砂粒 0.05～2.0 mm		
0～<20	7.66	24.80	15.32	52.22	砂壤土	1.16
20～<40	8.87	25.20	19.35	46.57	壤土	1.29
40～60	10.28	22.98	20.16	46.57	壤土	0.96

表5-4　达州市万源市井溪镇残坡积黄棕泡土养分与化学性质

土层厚度/cm	pH 值	有机质/(g·kg⁻¹)	全氮/(g·kg⁻¹)	全磷/(g·kg⁻¹)	全钾/(g·kg⁻¹)	碱解氮/(mg·kg⁻¹)	有效磷/(mg·kg⁻¹)	速效钾/(mg·kg⁻¹)	CEC[cmol(+)/kg]
0～<20	6.57	20.50	1.31	0.46	23.95	125	10.9	126	18.4
20～<40	7.63	14.50	1.00	0.32	19.50	76	6.2	1	8.3
40～60	7.50	16.00	1.12	0.39	20.36	91	6.3	72	3.9

5.3　泸州市古蔺县德耀镇残坡积黄棕泡土

根据中国土壤发生分类系统，该剖面土壤属于黄棕壤，亚类为典型黄棕壤，土属为残坡积黄棕泡土。

中国土壤系统分类：普通简育湿润淋溶土。

美国土壤系统分类：典型简育湿润淋溶土 (Typic Hapludalfs)。

世界土壤资源参比基础：简育高活性淋溶土 (Haplic Cambisols)。

调查采样时间：2021 年 1 月 28 日。

● 位置与环境条件

调查地位于泸州市古蔺县德耀镇红光村（图 5-6），105.653 037 33° E、

28.036 916 51° N，海拔 1 022 m，中亚热带湿润气候，年均温 17.6 ℃，年均降水量 761.8 mm，成土母质为三叠系下统嘉陵江组（T_1j）灰岩、白云岩残坡积物，旱地。

● 诊断层与诊断特征

成土过程主要是生物积累、黏化、弱富铝化过程。诊断层包括淡薄表层和黏化层。诊断特征包括湿润土壤水分状况、暗色土体、黏粒矿物向下迁移淀积、盐基淋失、土壤酸化等。见图 5-7。

● 利用性能简评

土体深厚，耕层偏浅，质地适中，但粗砂粒含量高，土体较重，不易保温、保水。土壤呈酸性，有机质含量中等，氮、钾含量丰富，但有效磷很缺乏，保肥性能一般，易水土流失。植烟时应注意保持水土，增施有机肥或种植绿肥，秸秆还田，改良土壤结构，施用热性肥料，平衡施肥，提高土温。

泸州市古蔺县德耀镇残坡积黄棕泡土具体情况见表 5-5、表 5-6。

图5-6　泸州市古蔺县德耀镇红光村植烟土地景观

　　Ap：0～<17 cm，黄褐色（7.5YR 5/4），砂壤土，团块状结构，疏松，有大量根系。

　　AB：17～<37 cm，黄褐色（7.5YR 5/4），砂壤土，团块状结构，稍紧实，有较多根系。

　　Bt：37～<70 cm，浅黄褐色（7.5YR 6/4），砂壤土，团块状结构，稍紧实，有少量根系，结构面有黏粒胶膜。

　　Bw：70～110 cm，浅黄褐色（7.5YR 6/4），砂壤土，团块状结构，紧实。

图5-7　残坡积黄棕泡土剖面结构

表5-5　泸州市古蔺县德耀镇残坡积黄棕泡土物理性状

| 土层厚度/cm | 机械组成/% | | | | 质地 | 容重/(g·cm⁻³) |
	黏粒<0.002 mm	细粉粒0.002～<0.02 mm	粗粉粒0.02～<0.05 mm	砂粒0.05～2.0 mm		
0～<20	10.89	19.15	14.92	55.04	砂壤土	1.39
20～<40	10.69	20.36	16.33	52.62	砂壤土	1.48
40～60	8.47	24.80	10.28	56.45	砂壤土	1.10

表5-6　泸州市古蔺县德耀镇残坡积黄棕泡土养分与化学性质

土层厚度/cm	pH值	有机质/(g·kg⁻¹)	全氮/(g·kg⁻¹)	全磷/(g·kg⁻¹)	全钾/(g·kg⁻¹)	碱解氮/(mg·kg⁻¹)	有效磷/(mg·kg⁻¹)	速效钾/(mg·kg⁻¹)	CEC[cmol(+)/kg]
0～<20	5.45	24.30	1.55	0.60	35.15	134	2.5	298	14.4
20～<40	6.29	16.60	1.06	0.36	34.33	82	6.1	111	8.5
40～60	6.89	14.50	0.97	0.34	34.61	76	5.4	93	4.8

5.4　凉山州会理市益门镇棕红泥土

根据中国土壤发生分类系统，该剖面土壤属于黄棕壤，亚类为暗黄棕壤，土属为棕红泥土。

中国土壤系统分类：普通酸性湿润雏形土。

美国土壤系统分类：典型不饱和湿润始成土 (Typic Dystrudepts)。

世界土壤资源参比基础：不饱和雏形土 (Dystric Cambisols)。

调查采样时间：2021 年 3 月 4 日。

● 位置与环境条件

调查地位于凉山州会理市益门镇益门社区（见图 5-8），102.265 391 68° E、

26.866 149 87° N，海拔 2 135 m，北亚热带湿润气候，年均温 15.1℃，年均降水量 1 130.9 mm，年均蒸散量 1 112.5 mm，干燥度 1.0，成土母质为二叠系乐平统玄武岩组（$P_3\beta$）拉斑玄武岩（即亚碱性弦武岩）残坡积物，旱地。

● **诊断层与诊断特征**

成土过程主要是腐殖质积累过程和弱富铝化过程。诊断层包括黄棕色的淡薄表层和雏形层。诊断特征包括湿润土壤水分状况、具有暗色但有机质含量不高的腐殖质表层、黄棕色的酸性土体等。见图 5-9。

● **利用性能简评**

土体深厚，耕层偏浅，土层厚度约 20 cm，质地松泡，耕作容易，但土壤胶体品质较差，易发生水土流失。土壤呈酸性，有机质含量中等偏下，氮素含量适宜，磷、钾含量很丰富，但土壤供肥能力一般，植烟时应加强农田管理，增加土壤有机质，改良土壤结构，并平衡施肥以提高产量和质量。

凉山州会理市益门镇棕红泥土具体情况见表 5-7、表 5-8。

图5-8　凉山州会理市益门镇益门社区植烟土地景观

Ap: 0～<20 cm, 暗黄棕色(10YR 4/4), 壤土, 团块状结构, 稍紧实, 有大量根系。

Bw1: 20～<60 cm, 黄棕色(10YR 5/8), 壤土, 团块状结构, 稍紧实, 有较多根系。

Bw2: 60～108 cm, 亮黄棕色(10YR 6/8), 壤土, 团块状结构, 稍紧实, 有少量根系。

图5-9　棕红泥土剖面结构

表5-7　凉山州会理市益门镇棕红泥土物理性状

| 土层厚度/cm | 机械组成 /% | | | | 质地 | 容重/(g·cm⁻³) |
	黏粒< 0.002 mm	细粉粒0.002～< 0.02 mm	粗粉粒0.02～< 0.05 mm	砂粒0.05～2.0 mm		
0～< 20	12.70	15.73	22.58	48.99	壤土	0.96
20～< 40	14.52	18.75	18.75	47.98	壤土	1.46
40～60	17.94	17.54	19.76	44.76	壤土	1.46

表5-8　凉山州会理市益门镇棕红泥土养分与化学性质

土层厚度/cm	pH 值	有机质/(g·kg⁻¹)	全氮/(g·kg⁻¹)	全磷/(g·kg⁻¹)	全钾/(g·kg⁻¹)	碱解氮/(mg·kg⁻¹)	有效磷/(mg·kg⁻¹)	速效钾/(mg·kg⁻¹)	CEC[cmol(+)/kg]
0～< 20	5.10	21.40	1.43	0.78	10.48	122	72.5	710	15.3
20～< 40	4.96	5.58	0.58	0.27	17.55	47	6.0	384	6.2
40～60	5.38	4.05	0.51	0.20	16.13	29	0.2	82	6.6

5.5　凉山州德昌县麻栗乡棕红泥土

根据中国土壤发生分类系统，该剖面土壤属于黄棕壤，亚类为暗黄棕壤，土属为棕红泥土。

中国土壤系统分类：红色铁质湿润雏形土。

美国土壤系统分类：典型饱和湿润始成土 (Typic Eutrudepts)。

世界土壤资源参比基础：饱和雏形土 (Eutric Cambisols)。

调查采样时间：2021 年 3 月 23 日。

● 位置与环境条件

调查地位于凉山州德昌县麻栗乡大象坪村（图 5-10、图 5-11），102.310 934 4° E、

27.531 474 98° N，海拔 2 346 m，中亚热带湿润气候，年均温 17.6 ℃，年均降水量 1 047.1 mm，成土母质为二叠系辉长岩（νP_3）、橄榄岩（σP_3）或三叠系霓霞岩（$\varepsilon \chi T$）残坡积物，旱地。

● **诊断层与诊断特征**

成土过程主要是腐殖质积累过程和弱富铝化过程。诊断层包括淡薄表层、雏形层。诊断特征包括湿润土壤水分状况、棕色的酸性土体等。见图 5-12。

● **利用性能简评**

土体深厚，耕层偏浅，土层厚度约 20 cm，质地松泡，耕作容易，但土壤胶体品质较差，易发生水土流失。土壤呈酸性，有机质含量丰富，氮、钾含量丰富，有效磷含量缺乏，土壤供肥能力好，植烟时应加强农田管理，补充磷肥，注意氮、钾肥用量，平衡施肥。

凉山州德昌县麻栗乡棕红泥土具体情况见表 5-9、表 5-10。

图5-10　凉山州德昌县麻栗乡大象坪村植烟区地形地貌特征

图5-11 凉山州德昌县麻栗乡大象坪村植烟土地景观

Ap: 0～＜20 cm，红棕色（2.5YR 4/4），砂壤土，屑粒状结构，疏松，有较多根系。

Bw1: 20～＜60 cm，暗红棕色（2.5YR 2.5/3），砂壤土，团粒状结构，稍紧实，有少量根系。

Bw2: 60～115 cm，暗红棕色（2.5YR 2.5/3），砂壤土，团粒状结构，稍紧实。

图5-12　棕红泥土剖面结构

表5-9　凉山州德昌县麻栗乡棕红泥土物理性状

| 土层厚度/cm | 机械组成 /% | | | | 质地 | 容重/(g·cm⁻³) |
	黏粒< 0.002 mm	细粉粒0.002～< 0.02 mm	粗粉粒0.02～< 0.05 mm	砂粒0.05～2.0 mm		
0～< 20	7.86	13.71	15.52	62.90	砂壤土	0.82
20～< 40	9.07	14.31	16.94	59.68	砂壤土	0.83
40～60	11.49	15.93	16.73	55.85	砂壤土	1.27

表5-10　凉山州德昌县麻栗乡棕红泥土养分与化学性质

土层厚度/cm	pH 值	有机质/(g·kg⁻¹)	全氮/(g·kg⁻¹)	全磷/(g·kg⁻¹)	全钾/(g·kg⁻¹)	碱解氮/(mg·kg⁻¹)	有效磷/(mg·kg⁻¹)	速效钾/(mg·kg⁻¹)	CEC[cmol(+)/kg]
0～< 20	5.26	57.10	2.83	2.04	13.91	219	5.7	450	24.2
20～< 40	5.64	33.70	1.65	1.24	14.99	122	9.1	79	6.6
40～60	5.64	18.60	1.06	1.21	17.74	77	1.5	78	8.6

—6—

▼

棕 壤

6.1 凉山州盐源县黄草镇残坡积棕泥土

根据中国土壤发生分类系统，该剖面土壤属于棕壤，亚类为典型棕壤，土属为残坡积棕泥土。

中国土壤系统分类：普通铁质干润雏形土。

美国土壤系统分类：典型简育干润始成土 (Typic Haplustepts)。

世界土壤资源参比基础：饱和雏形土 (Eutric Cambisols)。

调查采样时间：2020 年 12 月 23 日。

● 位置与环境条件

调查地位于凉山州盐源县黄草镇格朗河村（图 6-1、图 6-2），101.311 322 64° E、27.208 233 22° N，海拔 2 859 m，暖温带半湿润气候，年均温 12.6 ℃，年均降水量793.5 mm，年均蒸散量 1 247.4 mm，干燥度 1.6，成土母质为石炭系（C）灰岩残坡积物，旱地。

● 诊断层与诊断特征

成土过程主要是淋溶和生物富集过程。淋溶作用较强，黏土矿物处于硅铝化脱钾阶段，呈微酸性，盐基饱和度较高。诊断层包括淡薄表层、雏形层。诊断特征包括半干润土壤水分状况，土体以棕色为主，尤以心土层更为明显；淋溶层之下有明显的黏粒淀积层。见图 6-3。

● 利用性能简评

土壤具有淋溶作用较强、酸度低、盐基饱和度高、有机质积累较少的特点。土壤呈微酸性，耕层浅薄，结构差，有机质含量中等偏上，氮素含量丰富，磷、钾元素缺乏。植烟时易受干旱限制，应加强水土保持，发展水利，利用冬闲地种植绿肥，结合增施有机肥，加速土壤熟化，提高抗旱能力。

凉山州盐源县黄草镇残坡积棕泥土具体情况见表 6-1、表 6-2。

图6-1　凉山州盐源县黄草镇格朗河村植烟区地形地貌特征

图6-2　凉山州盐源县黄草镇格朗河村植烟土地景观

Ap：0～＜18 cm，浊红棕色（5YR 5/3），砂壤土，团块状结构，疏松，有大量根系。

AB：18～＜50 cm，浊红棕色（5YR 5/4），砂壤土，团块状结构，稍紧实，有较多根系。

Bw1：50～＜80 cm，浊红棕色（5YR 4/4），砂壤土，团块状结构，稍紧实，有少量根系。

Bw2：80～108 cm，暗红棕色（5YR 3/4），砂壤土，团块状结构，稍紧实，有大量砾石。

图6-3 残坡积棕泥土剖面结构

表6-1　凉山州盐源县黄草镇残坡积棕泥土物理性状

| 土层厚度/cm | 机械组成 /% | | | | 质地 | 容重/(g·cm⁻³) |
	黏粒 < 0.002 mm	细粉粒 0.002～< 0.02 mm	粗粉粒 0.02～< 0.05 mm	砂粒 0.05～2.0 mm		
0～< 20	4.64	8.06	14.52	72.78	砂壤土	0.98
20～< 40	5.44	8.06	16.53	69.96	砂壤土	1.09
40～60	6.65	6.65	22.38	64.31	砂壤土	1.20

表6-2　凉山州盐源县黄草镇残坡积棕泥土养分与化学性质

土层厚度/cm	pH 值	有机质/(g·kg⁻¹)	全氮/(g·kg⁻¹)	全磷/(g·kg⁻¹)	全钾/(g·kg⁻¹)	碱解氮/(mg·kg⁻¹)	有效磷/(mg·kg⁻¹)	速效钾/(mg·kg⁻¹)	CEC[cmol(+)/kg]
0～20	5.73	31.70	1.57	1.21	14.00	143	0.4	176	16.7
20～40	5.96	8.25	0.77	0.16	14.62	49	20.7	135	24.2
40～60	5.76	6.81	0.67	0.41	15.07	45	2.6	139	27.8

6.2　凉山州盐源县黄草镇洪冲积棕泥土

　　根据中国土壤发生分类系统，该剖面土壤属于棕壤，亚类为典型棕壤，土属为洪冲积棕泥土。

　　中国土壤系统分类：普通铁质干润雏形土。

　　美国土壤系统分类：典型简育干润始成土 (Typic Haplustepts)。

　　世界土壤资源参比基础：饱和雏形土 (Eutric Cambisols)。

　　调查采样时间：2020 年 12 月 22 日。

● **位置与环境条件**

　　调查地位于凉山州盐源县黄草镇格朗河村（图 6-4、图 6-5），101.290 802 25° E、

27.212 352 51° N，海拔 2 604 m，（北亚热带）暖温带半干旱气候，年均温 12.6℃，年均降水量 793.5 mm，年均蒸散量 1 247.4 mm，干燥度 1.6，成土母质为石炭系（C）灰岩残坡积物，旱地。

● **诊断层与诊断特征**

成土过程主要是淋溶和生物富集过程。淋溶作用较强，黏土矿物处于硅铝化脱钾阶段，呈微酸性，盐基饱和度较高。诊断层包括淡薄表层、雏形层。诊断特征包括半干润土壤水分状况，土体以棕色为主，尤以心土层更为明显。见图 6-6。

● **利用性能简评**

土体深厚，耕层适宜，质地疏松，耕性和通透性较好。土壤呈酸性，有机质和氮素含量很丰富，有效磷含量中等，速效钾含量丰富，土壤保肥性能一般，适宜种植烟草，植烟时注意平衡施肥，合理轮作，精耕细作，改良土壤结构，提高土壤保肥性能。

凉山州盐源县黄草镇洪冲积棕泥土具体情况见表 6-3、表 6-4。

图6-4　凉山州盐源县黄草镇格朗河村植烟区地形地貌特征

图6-5　凉山州盐源县黄草镇格朗河村植烟土地景观

Ap: 0～<15 cm, 浊红棕色（2.5YR 5/4），砂壤土，团块状结构，疏松，有大量根系。

AB: 15～<35 cm, 浊红棕色（2.5YR 5/4），砂壤土，团块状结构，疏松，有较多根系。

Bw1: 35～<65 cm, 亮红棕色（2.5YR 5/6），砂壤土，小块状结构，稍紧实，根系渐少。

Bw2: 65～100 cm, 红棕色（2.5YR 4/6），砂壤土，小块状结构，稍紧实。

图6-6　洪冲积棕泥土剖面结构

表6-3 凉山州盐源县黄草镇洪冲积棕泥土物理性状

| 土层厚度/cm | 机械组成/% | | | | 质地 | 容重/(g·cm⁻³) |
	黏粒 < 0.002 mm	细粉粒 0.002～< 0.02 mm	粗粉粒 0.02～< 0.05 mm	砂粒 0.05～2.0 mm		
0～< 20	5.04	11.49	12.90	70.56	砂壤土	0.80
20～< 40	6.45	10.89	16.94	65.73	砂壤土	1.23
40～60	9.88	9.68	17.34	63.10	砂壤土	1.26

表6-4 凉山州盐源县黄草镇洪冲积棕泥土养分与化学性质

土层厚度/cm	pH 值	有机质/(g·kg⁻¹)	全氮/(g·kg⁻¹)	全磷/(g·kg⁻¹)	全钾/(g·kg⁻¹)	碱解氮/(mg·kg⁻¹)	有效磷/(mg·kg⁻¹)	速效钾/(mg·kg⁻¹)	CEC[cmol(+)/kg]
0～< 20	5.54	41.20	2.25	1.78	11.30	223	19.6	160	16.4
20～< 40	5.51	6.36	0.65	1.01	14.00	42	1.9	113	11.2
40～60	6.01	10.80	0.90	1.12	14.49	48	0.6	124	11.5

6.3 凉山州盐源县黄草镇残坡积酸棕泥土

根据中国土壤发生分类系统，该剖面土壤属于棕壤，亚类为酸性棕壤，土属为残坡积酸棕泥土。

中国土壤系统分类：普通铁质干润雏形土。

美国土壤系统分类：典型简育干润始成土 (Typic Haplustepts)。

世界土壤资源参比基础：饱和雏形土 (Eutric Cambisols)。

调查采样时间：2020 年 12 月 23 日。

● 位置与环境条件

调查地位于凉山州盐源县黄草镇格朗河村（图 6-7），101.314 905 2° E、

27.204 238 67° N，海拔 2 923 m，暖温带半干旱气候，年均温 12.6 ℃，年均降水量 793.5 mm，年均蒸散量 1 247.4 mm，干燥度 1.6，成土母质为泥盆系中统曲靖组（D$_2$q）灰岩残坡积物，旱地。

● **诊断层与诊断特征**

棕壤分布区具有湿润温性水热状况，淋溶作用较强，土壤呈微酸性，盐基饱和度较高。生物富集作用旺盛，表层形成丰富的腐殖质层。成土过程主要是淋溶过程、生物积累过程。诊断层包括淡薄表层、雏形层。诊断特征包括半干润土壤水分状况，土体深厚，土体以棕色为主，尤以心土层更为明显。见图 6-8。

● **利用性能简评**

土体深厚，耕层厚度适宜，土层厚约 30 cm。土壤呈酸性，质地松泡，耕性和通透性较好。土壤中有机质和氮素养分含量很丰富，钾素含量中等，有效磷极缺，土壤保肥性能好，但养分极不平衡，植烟时应注意控制氮肥用量，增施磷、钾肥。

凉山州盐源县黄草镇残坡积酸棕泥土具体情况见表 6-5、表 6-6。

图6-7　凉山州盐源县黄草镇格朗河村植烟土地景观

Ap：0～＜30 cm，暗红棕色（5YR 3/4），砂壤土，团块状结构，疏松，有大量根系。

Bw1：30～＜80 cm，暗红棕色（5YR 3/3），砂壤土，团块状结构，疏松，有较多根系。

Bw2：80～115 cm，暗红棕色（5YR 3/3），砂壤土，团块状结构，稍紧实。

图6-8　残坡积酸棕泥土剖面结构

表6-5 凉山州盐源县黄草镇残坡积酸棕泥土物理性状

| 土层厚度/cm | 机械组成 /% | | | | 质地 | 容重/(g·cm⁻³) |
	黏粒 < 0.002 mm	细粉粒 0.002~< 0.02 mm	粗粉粒 0.02~< 0.05 mm	砂粒 0.05~2.0 mm		
0~< 20	4.64	18.75	14.52	62.10	砂壤土	0.86
20~< 40	11.29	18.35	12.70	57.66	砂壤土	0.56
40~60	10.08	16.53	12.50	60.89	砂壤土	0.42

表6-6 凉山州盐源县黄草镇残坡积酸棕泥土养分与化学性质

土层厚度/cm	pH值	有机质/(g·kg⁻¹)	全氮/(g·kg⁻¹)	全磷/(g·kg⁻¹)	全钾/(g·kg⁻¹)	碱解氮/(mg·kg⁻¹)	有效磷/(mg·kg⁻¹)	速效钾/(mg·kg⁻¹)	CEC[cmol(+)/kg]
0~< 20	5.68	80.80	2.51	2.00	8.69	240	1.5	118	23.5
20~< 40	5.53	98.60	2.73	1.50	8.08	221	28.5	61	17.9
40~60	5.70	62.60	1.66	3.15	8.08	147	1.5	52	18.9

6.4 凉山州盐源县黄草镇残坡积石块棕土

根据中国土壤发生分类系统，该剖面土壤属于棕壤，亚类为棕壤性土，土属为残坡积石块棕土。

中国土壤系统分类：普通简育干润雏形土。

美国土壤系统分类：典型简育干润始成土（Typic Haplustepts）。

世界土壤资源参比基础：饱和雏形土（Eutric Cambisols）。

调查采样时间：2020 年 12 月 23 日。

● 位置与环境条件

调查地位于凉山州盐源县黄草镇格朗河村（图 6-9、图 6-10），101.314 488 23° E、

27.203 395 66° N，海拔 2 926 m，（北亚热带）暖温带半干旱气候，年均温 12.6℃，年均降水量 793.5 mm，年均蒸散量 1 247.4 mm，干燥度 1.6，成土母质为泥盆系中统曲靖组（D_2q）石炭系（C）的灰岩残坡积物，旱地。

● **诊断层与诊断特征**

土壤发育程度弱、土层浅薄、土体中多石砾或岩石碎块。淋溶与黏化过程不明显，生物富集困难。诊断层包括淡薄表层、雏形层。诊断特征包括半干润土壤水分状况，土体呈棕色，腐殖质积累少，淀积不明显，土体多砾石等。见图 6-11。

● **利用性能简评**

土体深厚，但耕层偏浅，土层厚度约 20 cm，土壤中夹杂较多砾石，质地较轻。土壤呈酸性，有机质和氮素含量很丰富，但速效磷、钾缺乏，且土壤保肥性能中等。气候高寒，土性冷凉，养分释放缓慢，植烟时需覆盖保墒，增施热性肥料，补充磷、钾。

凉山州盐源县黄草镇残坡积石块棕土具体情况见表 6-7、表 6-8。

图6-9　凉山州盐源县黄草镇格朗河村植烟区地形地貌特征

图6-10 凉山州盐源县黄草镇格朗河村植烟土地景观

Ap: 0～<20 cm，棕色（7.5YR 4/4），砂壤土，屑粒状结构，疏松，有大量根系，夹杂较多砾石。

Bw1: 20～<60 cm，棕色（7.5YR 4/4），砂壤土，团块状结构，稍紧实，有较多根系和砾石。

Bw2: 60～100 cm，暗棕色（7.5YR 3/3），砂壤土，团块状结构，稍紧实，有少量根系，土体中石块众多。

图6-11 残坡积石块棕土剖面结构

表6-7 凉山州盐源县黄草镇残坡积石块棕土物理性状

| 土层厚度/cm | 机械组成 /% | | | | 质地 | 容重/(g·cm⁻³) |
	黏粒 <0.002 mm	细粉粒 0.002~<0.02 mm	粗粉粒 0.02~<0.05 mm	砂粒 0.05~2.0 mm		
0~<20	4.23	11.49	13.91	70.36	砂壤土	0.93
20~<40	5.85	11.69	17.14	65.32	砂壤土	0.93
40~60	4.64	9.88	18.55	66.94	砂壤土	0.85

表6-8 凉山州盐源县黄草镇残坡积石块棕土养分与化学性质

土层厚度/cm	pH 值	有机质/(g·kg⁻¹)	全氮/(g·kg⁻¹)	全磷/(g·kg⁻¹)	全钾/(g·kg⁻¹)	碱解氮/(mg·kg⁻¹)	有效磷/(mg·kg⁻¹)	速效钾/(mg·kg⁻¹)	CEC[cmol(+)/kg]
0~<20	5.63	72.40	2.20	1.78	8.97	208	1.0	80	21.0
20~<40	5.86	18.70	1.26	1.55	12.97	76	19.6	95	21.5
40~60	5.92	14.40	1.01	1.41	12.29	80	15.6	134	24.0

6.5 凉山州越西县新民镇洪积石渣棕泥土

　　根据中国土壤发生分类系统，该剖面土壤属于棕壤，亚类为棕壤性土，土属为洪积石渣棕泥土。

　　中国土壤系统分类：红色铁质湿润雏形土。

　　美国土壤系统分类：典型不饱和湿润始成土 (Typic Dystrudepts)。

　　世界土壤资源参比基础：不饱和雏形土 (Dystric Cambisols)。

　　调查采样时间：2021 年 1 月 30 日。

● 位置与环境条件

　　调查地位于凉山州越西县新民镇五福村（图 6-12），102.515 765 53° E、28.700 398 77° N，

海拔 1 684 m，暖温带湿润气候，年均温 13.3℃，年均降水量 1 113.3 mm，年均蒸散量 893.5 mm，干燥度 0.8，成土母质为第四系洪积物（Q^{pl}），旱地。

● 诊断层与诊断特征

土壤发育程度弱、土层浅薄、土体中多石砾或岩石碎块。淋溶与黏化过程不明显，生物富集困难。诊断层包括淡薄表层、雏形层。诊断特征包括湿润土壤水分状况，土体呈红棕色，腐殖质积累少，淀积不明显，土体多砾石，粗骨性强，难以耕作，黏粒含量少等。见图 6-13。

● 利用性能简评

土体浅薄，耕层较浅，且夹杂大量石块和砾石，增加耕作难度。土壤酸性较强，有机质和氮素含量中等，磷、钾很丰富，但土壤保肥性能弱，植烟时需深耕除石，增加土壤有机质，改善土壤结构，促进土壤熟化，逐步增厚土层，培肥土壤。

凉山州越西县新民镇洪积石渣棕泥土具体情况见表 6-9、表 6-10。

图6-12　凉山州越西县新民镇五福村植烟土地景观

　　Ap: 0～<25 cm，黄红色（5YR 7/6），壤土，团块状结构，疏松，有较多根系，含有较多大块砾石。

　　Bw: 25～<50 cm，红橙色（5YR 5/8），壤土，团块状结构，稍紧实，有大量砾石。

　　C: 50～100 cm，红橙色（5YR 5/8），含有沙质大量砾石的母质，稍紧实。

图6-13　洪积石渣棕泥土剖面结构

表6-9 凉山州越西县新民镇洪积石渣棕泥土物理性状

| 土层厚度 /cm | 机械组成 /% | | | | 质地 | 容重 /(g·cm⁻³) |
	黏粒 < 0.002 mm	细粉粒 0.002～< 0.02 mm	粗粉粒 0.02～< 0.05 mm	砂粒 0.05～2.0 mm		
0～< 20	12.10	22.78	16.13	48.99	壤土	1.01
20～< 40	15.93	23.79	14.11	46.17	壤土	1.51
40～60	13.10	23.59	20.77	42.54	壤土	1.59

表6-10 凉山州越西县新民镇洪积石渣棕泥土养分与化学性质

土层厚度 /cm	pH 值	有机质 /(g·kg⁻¹)	全氮 /(g·kg⁻¹)	全磷 /(g·kg⁻¹)	全钾 /(g·kg⁻¹)	碱解氮 /(mg·kg⁻¹)	有效磷 /(mg·kg⁻¹)	速效钾 /(mg·kg⁻¹)	CEC [cmol(+)/kg]
0～< 20	4.67	23.50	1.73	1.00	16.15	126	162.2	362	10.5
20～< 40	4.52	10.80	1.21	0.66	17.33	64	24.6	201	11.8
40～60	5.32	4.55	1.11	0.49	23.01	54	0.4	146	11.4

7

燥 红 土

7.1 凉山州会东县大崇镇洪冲积褐红泥土

根据中国土壤发生分类系统，该剖面土壤属于燥红土，亚类为褐红土，土属为洪冲积褐红泥土。

中国土壤系统分类：普通铁质干润雏形土。

美国土壤系统分类：典型钙积干润始成土（Typic Calciustepts）。

世界土壤资源参比基础：石灰艳色雏形土（Calcaric Chromic Cambisols）。

调查采样时间：2021 年 3 月 10 日。

● **位置与环境条件**

调查地位于凉山州会东县大崇镇大兴村（图 7-1、图 7-2），102.939 976 71° E、26.844 792 5° N，海拔 705 m，中亚热带（半）湿润气候，年均温 16.1℃，年均降水量 1 058.0 mm，年均蒸散量 1 202.0 mm，干燥度 1.1，成土母质为第四系冲洪积物（Q^{al}）或二叠系阳新统阳新组（P_2y）灰岩残坡积物，旱地。

● **诊断层与诊断特征**

在干热少雨、湿热短暂、以草被为主的生物气候条件下，土壤经历淋溶作用和较强的有机质分解，脱硅富铝化作用明显，盐基物质风化淋溶，但又随水分蒸发产生复盐基过程。诊断层主要为钙积层。诊断特征包括风化淋溶作用强烈，有机质积累较少，土壤发育程度低，土体浅薄，常有盐基物质表聚现象。见图 7-3。

● **利用性能简评**

土体深厚，耕层偏浅，厚度约 25 cm，土壤呈碱性，土体中含有沙质土层，下层含有较多碳酸盐颗粒。土壤有机质缺乏，氮、钾含量中等，有效磷含量丰富，土壤保肥性能较弱，植烟时应增施有机肥，增施酸性肥料，注重改良土壤结构，培肥土壤，提高蓄水保墒能力。

凉山州会东县大崇镇洪冲积褐红泥土具体情况见表 7-1、表 7-2。

图7-1 凉山州会东县大崇镇大兴村植烟区地形地貌特征

图7-2 凉山州会东县大崇镇大兴村植烟土壤状况

Ap: 0～＜25 cm, 红褐色（2.5YR 5/8）, 砂壤土, 团块状结构, 疏松, 有大量根系。

Bw: 25～＜50 cm, 红褐色（2.5YR 4/6）, 砂壤土, 团块状结构, 稍紧实, 有较多根系。

Bk1: 50～＜70 cm, 红褐色（2.5YR 5/6）, 砂壤土, 团块状结构, 稍紧实, 有少量根系, 结构面夹杂碳酸钙粉末。

Bk2: 70～105 cm, 亮红褐色（2.5YR 6/6）, 砂壤土, 团块状结构, 稍紧实, 结构面夹杂碳酸钙粉末。

图7-3　洪冲积褐红泥土剖面结构

表7-1 凉山州会东县大崇镇大兴村洪冲积褐红泥土物理性状

| 土层厚度/cm | 机械组成 /% | | | | 质地 | 容重/(g·cm⁻³) |
	黏粒 < 0.002 mm	细粉粒 0.002～< 0.02 mm	粗粉粒 0.02～< 0.05 mm	砂粒 0.05～2.0 mm		
0～< 20	4.64	13.10	13.71	68.55	砂壤土	1.25
20～< 40	9.48	6.85	19.76	63.91	砂壤土	1.24
40～60	4.44	15.32	14.72	65.52	砂壤土	1.39

表7-2 凉山州会东县大崇镇大兴村洪冲积褐红泥土养分与化学性质

土层厚度/cm	pH 值	有机质/(g·kg⁻¹)	全氮/(g·kg⁻¹)	全磷/(g·kg⁻¹)	全钾/(g·kg⁻¹)	碱解氮/(mg·kg⁻¹)	有效磷/(mg·kg⁻¹)	速效钾/(mg·kg⁻¹)	CEC[cmol(+)/kg]
0～< 20	8.09	20.00	1.28	0.95	12.52	97.00	43.8	113	11.1
20～< 40	8.44	14.20	0.93	0.68	11.01	62.00	9.2	73	14.4
40～60	8.42	7.82	0.60	0.49	11.32	46.00	3.4	65	13.0

7.2 攀枝花盐边县红格镇洪冲积褐红泥土

根据中国土壤发生分类系统，该剖面土壤属于燥红土，亚类为褐红土，土属为洪冲积褐红泥土。

中国土壤系统分类：普通铁质干润雏形土。

美国土壤系统分类：典型简育干润始成土 (Typic Haplustepts)。

世界土壤资源参比基础：饱和雏形土 (Eutric Chromic Cambisols)。

调查采样时间：2021 年 1 月 11 日。

● 位置与环境条件

调查地位于攀枝花市盐边县红格镇金河村（图 7-4、图 7-5），101.861 271 19° E、

26.524 348 75° N，海拔 977 m，中（南）亚热带半湿润气候，年均温 19.2℃，年均降水量 1 065.6 mm，年均蒸散量 1 217.7 mm，干燥度 1.14，成土母质为二叠系船山统普登岩群黑云斜长片麻岩（γoPt₁），旱地。

● **诊断层与诊断特征**

在干热少雨、湿热短暂、以草被为主的生物气候条件下，土壤经历淋溶作用和较强的有机质分解，脱硅富铝化作用明显，盐基物质风化淋溶，但又随水分蒸发产生复盐基过程。诊断层主要为钙积层。诊断特征包括风化淋溶作用强烈，有机质积累较少，土壤发育程度低，土体浅薄，常有盐基物质表聚现象。见图 7-6。

● **利用性能简评**

土体深厚，但耕层浅薄，土层厚度约 15 cm，土壤中含有大量砂砾，质地较重。土壤呈碱性，有机质和氮素含量缺乏，磷、钾含量丰富，土壤保肥性能中等偏弱，植烟时需深耕除石，增施有机肥和氮肥，改良耕层土壤结构，增强土壤保肥供肥能力，补充矿质养分时施用酸性肥料。

攀枝花市盐边县红格镇洪冲积褐红泥土具体情况见表 7-3、表 7-4。

图7-4　攀枝花市盐边县红格镇金河村植烟区地形地貌特征

图7-5 攀枝花市盐边县红格镇金河村植烟土地景观

Ap: 0～<15 cm, 浊橙色（7.5YR 7/4）, 砂壤土, 团块状结构, 稍紧实, 有大量根系。

Bw1: 15～<40 cm, 浊橙色（7.5YR 6/4）, 砂壤土, 团块状结构, 稍紧实, 有少量根系。

Bw2: 40～<75 cm, 橙色（5YR 6/6）, 砂壤土, 屑粒状结构, 稍紧实, 有较多细小砂砾。

Br: 75～115 cm, 暗红灰色（2.5YR 3/1）, 砂壤土, 棱柱状结构, 稍紧实, 结构面有锈斑纹。

图7-6　洪冲积褐红泥土剖面结构

表7-3 攀枝花盐边县红格镇洪冲积褐红泥土物理性状

| 土层厚度 /cm | 机械组成 /% | | | | 质地 | 容重 /(g·cm⁻³) |
	黏粒 < 0.002 mm	细粉粒 0.002～< 0.02 mm	粗粉粒 0.02～< 0.05 mm	砂粒 0.05～2.0 mm		
0～< 20	8.27	7.46	16.13	68.15	砂壤土	1.58
20～< 40	11.69	5.85	15.52	66.94	砂壤土	1.49
40～60	12.30	12.50	10.28	64.92	砂壤土	1.03

表7-4 攀枝花盐边县红格镇洪冲积褐红泥土养分与化学性质

土层厚度 /cm	pH 值	有机质 /(g·kg⁻¹)	全氮 /(g·kg⁻¹)	全磷 /(g·kg⁻¹)	全钾 /(g·kg⁻¹)	碱解氮 /(mg·kg⁻¹)	有效磷 /(mg·kg⁻¹)	速效钾 /(mg·kg⁻¹)	CEC [cmol(+)/kg]
0～< 20	8.55	17.80	1.07	1.47	17.38	71	58.4	294	12.5
20～< 40	8.80	9.18	0.58	0.93	14.58	43	6.2	75	17.6
40～60	8.89	3.25	0.17	1.20	8.01	15	8.1	53	6.5

—8—
▼

新 积 土

8.1 凉山州冕宁县高扬镇新积褐沙土

根据中国土壤发生分类系统，该剖面土壤属于新积土，亚类为典型新积土，土属为新积褐沙土。

中国土壤系统分类：石灰干润正常新成土。

美国土壤系统分类：典型干润正常新成土 (Typic Ustorthents)。

世界土壤资源参比基础：石灰疏松岩性土 (Calcaric Regosols)。

调查采样时间：2020 年 12 月 18 日。

● 位置与环境条件

调查地位于凉山州冕宁县高扬镇大石板村（图 8-1、图 8-2），102.117 102 84° E、28.510 781 95° N，海拔 1 814 m，（中亚热带）暖温带湿润气候，年均温 14.1℃，年均降水量 1 074.9 mm，年均蒸散量 1 063.1 mm，干燥度 1.0，成土母质为第四系洪积物（Q^{pl}），旱地。

● 诊断层与诊断特征

调查地土壤由河流流水沉积物、河谷地的洪积物和堆积物发育而成，是幼年性土壤，因频繁地被覆盖或剥蚀，发生层分异不明显。成土过程主要有沉积过程、潴育化过程和人为扰动过程。诊断特征包括表层有明显的近期薄层沉积层理，无淋溶淀积，侵入体分布不规律，土体呈褐色。土壤形态上保留沉积物特征，土体结构疏松，原生矿物清晰可见。见图 8-3。

● 利用性能简评

土体浅薄，耕层厚度适中，约 24 cm，土体中含有大块卵石和石块碎屑，耕性和通透性较差。土壤呈弱酸性，有机质含量中等，速效养分含量丰富，土壤保肥性能弱，烟草易受干旱威胁，后期脱肥早衰，植烟时应适当深耕，增厚土层，提高保水保肥能力。

凉山州冕宁县高扬镇新积褐沙土具体情况见表 8-1、表 8-2。

图8-1 凉山州冕宁县高扬镇大石板村植烟区地形地貌特征

图8-2 凉山州冕宁县高扬镇大石板村植烟土地景观

　　Ap: 0～<24 cm, 暗灰棕色（2.5YR 3/1）, 砂壤土, 团块状结构, 稍紧实, 有大量根系, 土体夹杂较多小块岩石。

　　C1: 24～<60 cm, 棕色（7.5YR 5/4）, 壤土, 小块状结构, 整块状结构, 紧实, 土体夹杂较多大块岩石。

　　C2: 60～108 cm, 黄棕色（10YR 5/8）, 砂砾质母质, 夹杂较多大块岩石。

图8-3　新积褐沙土剖面结构

表8-1 凉山州冕宁县高扬镇新积褐沙土物理性状

| 土层厚度 /cm | 机械组成 /% | | | | 质地 | 容重 /(g·cm⁻³) |
	黏粒 < 0.002 mm	细粉粒 0.002~< 0.02 mm	粗粉粒 0.02~< 0.05 mm	砂粒 0.05~2.0 mm		
0~< 20	8.06	13.10	24.40	54.44	砂壤土	1.13
20~< 40	13.10	15.52	20.77	50.60	壤土	1.60
40~60	13.91	13.91	23.79	48.39	壤土	1.44

表8-2 凉山州冕宁县高扬镇新积褐沙土养分与化学性质

土层厚度 /cm	pH 值	有机质 /(g·kg⁻¹)	全氮 /(g·kg⁻¹)	全磷 /(g·kg⁻¹)	全钾 /(g·kg⁻¹)	碱解氮 /(mg·kg⁻¹)	有效磷 /(mg·kg⁻¹)	速效钾 /(mg·kg⁻¹)	CEC [cmol(+)/kg]
0~< 20	6.45	26.50	1.46	1.20	24.81	141	157.5	243	9.1
20~< 40	5.84	18.10	0.84	0.66	22.63	86	49.4	156	19.1
40~60	4.87	5.13	0.22	0.44	22.66	46	1.4	40	18.9

8.2 凉山州普格县螺髻山镇新积棕沙土

根据中国土壤发生分类系统，该剖面土壤属于新积土，亚类为典型新积土，土属为新积棕沙土。

中国土壤系统分类：普通湿润正常新成土。

美国土壤系统分类：典型湿润正常新成土 (Typic Udorthents)。

世界土壤资源参比基础：粗骨疏松岩性土 (Skeletic Regosols)。

调查采样时间：2021 年 3 月 14 日。

● 位置与环境条件

调查地位于凉山州普格县螺髻山镇马厂坪村（图 8-4），102.434 056 44° E、27.567 294 48° N，海拔 1 972 m，中亚热带（半）湿润气候，年均温 16.2℃，年均降水量

1 164.4 mm，年均蒸散量 1 182.7 mm，干燥度 1.0，成土母质为第四系洪积物（Q^{pl}），旱地。

● **诊断层与诊断特征**

调查地土壤由洪积物和堆积物发育而成，是幼年性土壤，因频繁地被覆盖或剥蚀，发生层分异不明显。成土过程主要有沉积过程、潴育化过程和人为扰动过程。诊断特征包括表层有明显的近期薄层沉积层理、无淋溶淀积、侵入体分布不规律、土体呈棕色。土壤形态上保留沉积物特征，土体结构疏松，原生矿物清晰可见。见图8-5。

● **利用性能简评**

土体和耕层深厚，耕层厚度近 60 cm，质地较好，结构松泡，易于耕性。土壤呈酸性，有机质积累丰富，矿质养分含量高，土壤保肥性能中等，但因海拔高、气温低，作物易受冷害，植烟时应推广地膜覆盖栽培技术，施用热性肥料，提高土温，防寒防冻。

凉山州普格县螺髻山镇新积棕沙土具体情况见表8-3、表8-4。

图8-4 凉山州普格县螺髻山镇马厂坪村植烟土地景观

Ap1: 0～<20 cm，浅灰色（10YR 7/1），砂壤土，团块状结构，疏松，土体中有较多植物根系、砾石碎屑及农用薄膜残体。

Ap2: 20～<60 cm，暗灰色（10YR 4/1），砂壤土，屑粒状结构，稍紧实，土体中有较多农用薄膜残体和砾石碎屑。

C1: 60～<88 cm，灰棕色（10YR 5/2），砂壤土，整块状结构，稍紧实，土体中有较多大块砾石。

C2: 88～105 cm，暗灰色（7.5YR 5/1），整块状结构，稍紧实，砾石碎屑渐少。

图8-5　新积棕沙土剖面结构

表8-3　凉山州普格县螺髻山镇新积棕沙土物理性状

| 土层厚度/cm | 机械组成 /% | | | | 质地 | 容重/(g·cm⁻³) |
	黏粒< 0.002 mm	细粉粒0.002～< 0.02 mm	粗粉粒0.02～< 0.05 mm	砂粒0.05～2.0 mm		
0～< 20	8.27	12.90	14.52	64.31	砂壤土	1.05
20～< 40	5.65	10.69	19.76	63.91	砂壤土	1.20
40～60	11.49	7.06	21.37	60.08	砂壤土	1.16

表8-4　凉山州普格县螺髻山镇新积棕沙土养分与化学性质

土层厚度/cm	pH 值	有机质/(g·kg⁻¹)	全氮/(g·kg⁻¹)	全磷/(g·kg⁻¹)	全钾/(g·kg⁻¹)	碱解氮/(mg·kg⁻¹)	有效磷/(mg·kg⁻¹)	速效钾/(mg·kg⁻¹)	CEC[cmol(+)/kg]
0～< 20	5.51	47.90	2.39	2.18	30.78	217	241.4	237	16.1
20～< 40	6.47	43.60	1.97	2.39	31.86	153	37.2	217	18.1
40～60	5.03	55.10	2.37	1.45	30.21	179	111.3	143	21.0

8.3　凉山州德昌县昌州街道新积棕沙土

根据中国土壤发生分类系统，该剖面土壤属于新积土，亚类为典型新积土，土属为新积棕沙土。

中国土壤系统分类：普通干润正常新成土。

美国土壤系统分类：典型干润正常新成土 (Typic Ustorthents)。

世界土壤资源参比基础：粗骨疏松岩性土 (Skeletic Regosols)。

调查采样时间：2021 年 3 月 24 日。

● 位置与环境条件

调查地位于凉山州德昌县昌州街道茶盐村（图 8-6、图 8-7），102.173 468 3° E、

27.340 136 94° N，海拔 1 414 m，中亚热带（半）湿润气候，年均温 17.6℃，年均降水量 1 047.1 mm，年均蒸散量 1 383.4 mm，干燥度 1.3，成土母质为新元古代青白口纪黑云母二长花岗岩（ η γ π Qn）洪积物，旱地。

● 诊断层与诊断特征

调查地土壤由洪积物和堆积物发育而成，是幼年性土壤，因频繁地被覆盖或剥蚀，发生层分异不明显。成土过程主要有沉积过程、潴育化过程和人为扰动过程。诊断特征包括表层有明显的近期薄层沉积层理、无淋溶淀积、侵入体分布不规律、土体呈棕色。土壤形态上保留沉积物特征，土体结构疏松，原生矿物清晰可见。见图 8-8。

● 利用性能简评

土体浅薄，耕层厚度约 20 cm，砾石含量高，质地偏砂。土壤呈酸性，土壤有机质和矿质养分含量缺乏，供肥能力弱，植烟时应深耕除石，增加优质有机质的积累，促进土壤熟化。采用覆膜栽培，提高土温，并补充矿质肥料，适当培肥土壤。

凉山州德昌县昌州街道新积棕沙土具体情况见表 8-5、表 8-6。

图8-6 凉山州德昌县昌州街道茶盐村植烟区地形地貌特征

图8-7 凉山州德昌县昌州街道茶盐村植烟土地景观

Ap：0～＜20 cm，暗灰色（2.5Y 5/1），砂壤土，团块状结构，疏松，有大量根系。

C1：20～＜50 cm，亮橄榄棕（2.5Y 5/3），壤土，整块状结构，稍紧实，有较多砾石。

C2：50～100 cm，橄榄棕（2.5Y 4/4），砂砾质土壤与母质夹杂，有较多大块砾石。

图8-8　新积棕沙土剖面结构

表8-5 凉山州德昌县昌州街道新积棕沙土物理性状

| 土层厚度 /cm | 机械组成 /% | | | | 质地 | 容重 /(g·cm⁻³) |
	黏粒 < 0.002 mm	细粉粒 0.002～< 0.02 mm	粗粉粒 0.02～< 0.05 mm	砂粒 0.05～2.0 mm		
0～< 20	10.08	15.73	17.74	56.45	砂壤土	1.22
20～< 40	10.89	17.94	21.77	49.40	壤土	1.60
40～60	11.90	18.55	27.02	42.54	壤土	1.68

表8-6 凉山州德昌县昌州街道新积棕沙土养分与化学性质

土层厚度 /cm	pH 值	有机质 /(g·kg⁻¹)	全氮 /(g·kg⁻¹)	全磷 /(g·kg⁻¹)	全钾 /(g·kg⁻¹)	碱解氮 /(mg·kg⁻¹)	有效磷 /(mg·kg⁻¹)	速效钾 /(mg·kg⁻¹)	CEC [cmol(+)/kg]
0～< 20	5.00	16.20	0.80	0.37	34.28	89	10.2	76	8.7
20～< 40	5.11	16.60	0.83	0.42	32.82	87	15.2	69	6.0
40～60	5.93	6.51	0.30	0.34	33.02	39	5.8	145	5.2

8.4 攀枝花盐边县新九镇新积棕沙土

根据中国土壤发生分类系统，该剖面土壤属于新积土，亚类为典型新积土，土属为新积棕沙土。

中国土壤系统分类：普通干润正常新成土。

美国土壤系统分类：典型干润正常新成土 (Typic Ustorthents)。

世界土壤资源参比基础：饱和疏松岩性土 (Eutric Regosols)。

调查采样时间：2021 年 1 月 8 日。

● 位置与环境条件

调查地位于攀枝花市盐边县新九镇马脖子村（图8-9、图8-10），

102.006 095 16° E、26.551 588 7° N，海拔 1 747 m，南亚热带半湿润气候，年均温 19.2℃，年均降水量 1 065.6 mm，年均蒸散量 1 217.7 mm，干燥度 1.14，成土母质为三叠系上统黑云正长花岗岩（γT）残积物，旱地。

● 诊断层与诊断特征

调查地土壤由洪积物和堆积物发育而成，是幼年性土壤，因频繁地被覆盖或剥蚀，发生层分异不明显。成土过程主要有沉积过程、潴育化过程和人为扰动过程。诊断特征包括表层有明显的近期薄层沉积层理，无淋溶淀积，侵入体分布不规律，土体呈棕色。土壤形态上保留沉积物特征，土体结构疏松，原生矿物清晰可见。见图 8-11。

● 利用性能简评

土体深厚，耕层厚度约 20 cm。土壤中含有较多粗砂粒，土壤紧实，不利于根系的伸展，耕性和通透性稍弱。土壤呈酸性，有机质含量极缺乏，氮、钾素含量缺乏，有效磷很丰富，土壤保肥性能好，但养分分布不均衡，植烟时应重点解决干旱和贫瘠两大问题，增加地面覆盖，增施矿质肥料，促进土壤熟化。

攀枝花盐边县新九镇新积棕沙土具体情况见表 8-7、表 8-8。

图8-9 攀枝花市盐边县新九镇马脖子村植烟区地形地貌特征

图8-10 攀枝花市盐边县新九镇马脖子村植植烟土地景观

Ap: 0～<20 cm，淡黄棕色（7.5YR 6/8），砂壤土，小块状结构，稍紧实，有大量根系。

C1: 20～<50 cm，黄棕色（7.5YR 7/6），砂壤土，单粒状结构，紧实，有较多根系，有少许大块砾石。

C2: 50～<100 cm，亮黄棕色（7.5YR 5/6），单粒状结构，紧实，有少许根系和砾石。

C3: 100～110 cm，暗黄棕色（7.5YR 3/4），单粒状结构，紧实。

图8-11 新积棕沙土剖面结构

表8-7 攀枝花市盐边县新九镇新积棕沙土物理性状

| 土层厚度 /cm | 机械组成 /% | | | | 质地 | 容重 /(g·cm⁻³) |
	黏粒 < 0.002 mm	细粉粒 0.002~< 0.02 mm	粗粉粒 0.02~< 0.05 mm	砂粒 0.05~2.0 mm		
0~< 20	6.45	12.50	11.09	69.96	砂壤土	1.48
20~< 40	9.07	10.69	12.90	67.34	砂壤土	1.52
40~60	11.69	7.66	15.73	64.92	砂壤土	0.98

表8-8 攀枝花市盐边县新九镇新积棕沙土养分与化学性质

土层厚度 /cm	pH 值	有机质 /(g·kg⁻¹)	全氮 /(g·kg⁻¹)	全磷 /(g·kg⁻¹)	全钾 /(g·kg⁻¹)	碱解氮 /(mg·kg⁻¹)	有效磷 /(mg·kg⁻¹)	速效钾 /(mg·kg⁻¹)	CEC [cmol(+)/kg]
0~< 20	5.57	6.22	0.50	4.61	11.56	95	141.9	105	28.9
20~< 40	6.34	4.14	0.17	4.64	13.11	6	32.3	42	7.0
40~60	6.46	4.21	0.17	4.37	12.77	19	31.2	44	24.9

8.5 凉山州德昌县麻栗乡新积黑沙土

根据中国土壤发生分类系统，该剖面土壤属于新积土，亚类为典型新积土，土属为新积黑沙土。

中国土壤系统分类：普通干润正常新成土。

美国土壤系统分类：典型干润正常新成土 (Typic Ustorthents)。

世界土壤资源参比基础：粗骨疏松岩性土 (Skeletic Regosols)。

调查采样时间：2021 年 3 月 23 日。

● 位置与环境条件

调查地位于凉山州德昌县麻栗乡大象坪村（图 8-12），102.307 785 19° E、27.534 824 47° N，

海拔 2 380 m，中亚热带（半）湿润气候，年均温 17.6℃，年均降水量 1 047.1 mm，年均蒸散量 1 383.4 mm，干燥度 1.3，成土母质为二叠系乐平统辉长岩（νP_3）、橄榄岩（σP_3）或新元古界南华系上统列古六组（$Nh_3 lg$）杂砂岩夹粉砂质泥岩残坡积物，旱地。

● **诊断层与诊断特征**

调查地土壤由洪积物和堆积物发育而成，是幼年性土壤，因频繁地被覆盖或剥蚀，发生层分异不明显。成土过程主要有沉积过程、潴育化过程和人为扰动过程。诊断特征包括无淋溶淀积，土体呈黑色。土壤形态上保留沉积物特征，土体结构疏松，原生矿物清晰可见。见图 8-13。

● **利用性能简评**

土体深厚，但耕层极浅，土层厚度仅 10 cm，砾石含量高，质地偏砂。土壤呈酸性，有机质含量中等，速效矿质养分含量丰富，土壤保肥性能一般，但土性冷是农业生产限制因素，植烟时应提高土温、防寒防冻。

凉山州德昌县麻栗乡新积黑沙土具体情况见表 8-9、表 8-10。

图8-12 凉山州德昌县麻栗乡大象坪村植烟土地景观

Ap: 0~<10 cm, 灰色 (10YR 6/1), 砂壤土, 屑粒状结构, 松散, 有较多植物残体, 夹杂大块砾石。

C1: 10~<30 cm, 暗灰棕色 (10YR 4/2), 整块状结构, 稍紧实, 有大量根系, 夹杂大块砾石。

C2: 30~<95 cm, 暗灰棕色 (10YR 4/2), 整块状结构, 稍紧实, 根系渐少, 夹杂大块砾石。

C3: 95~110 cm, 黄棕色 (10YR 5/8), 紧实母质层。

图8-13　新积黑沙土剖面结构

表8-9 凉山州德昌县麻栗乡新积黑沙土物理性状

土层厚度/cm	机械组成 /%				质地	容重/(g·cm⁻³)
	黏粒<0.002 mm	细粉粒0.002～<0.02 mm	粗粉粒0.02～<0.05 mm	砂粒0.05～2.0 mm		
0～<20	2.82	7.66	12.70	76.81	壤砂土	1.19
20～<40	5.65	7.86	11.29	75.20	砂壤土	1.56
40～60	9.27	10.48	14.52	65.73	砂壤土	1.67

表8-10 凉山州德昌县麻栗乡新积黑沙土养分与化学性质

土层厚度/cm	pH 值	有机质/(g·kg⁻¹)	全氮/(g·kg⁻¹)	全磷/(g·kg⁻¹)	全钾/(g·kg⁻¹)	碱解氮/(mg·kg⁻¹)	有效磷/(mg·kg⁻¹)	速效钾/(mg·kg⁻¹)	CEC[cmol(+)/kg]
0～<20	5.88	27.90	1.41	9.13	4.51	146	277.4	311	14.4
20～<40	5.84	16.10	0.82	9.78	4.31	89	163.3	138	6.0
40～60	5.97	14.30	0.66	9.72	3.95	58	177.1	111	4.0

9

▼

石灰（岩）土

9.1 泸州市古蔺县观文镇石灰黄泥土

根据中国土壤发生分类系统，该剖面土壤属于石灰（岩）土，亚类为黄色石灰土，土属为石灰黄泥土。

中国土壤系统分类：钙质湿润正常新成土。

美国土壤系统分类：典型湿润正常新成土（Typic Udorthents）。

世界土壤资源参比基础：粗骨疏松岩性土（Skeletic Regosols）。

调查采样时间：2021 年 1 月 29 日。

● **位置与环境条件**

调查地位于泸州市古蔺县观文镇共和村（图 9-1），105.878 233 96° E、27.843 293 78° N，海拔 1 212 m，中亚热带（半）湿润气候，年均温 17.6℃，年均降水量 761.8 mm，成土母质为二叠系阳新统梁山组（p_2l）页岩 – 茅口组（P_2m）的灰岩残坡积物，旱地。

● **诊断层与诊断特征**

调查地土壤是碳酸盐岩（灰岩、白云岩等）经溶蚀风化堆积而形成的厚薄不等、钙饱和或含游离碳酸钙的幼年土壤，粗骨性特征明显，土层浅薄。诊断特征包括：由于分布区域气候湿润，土壤受水的作用较深，氧化铁水化程度较高，土壤颜色偏黄；已开始富铝化过程，向黄壤方向发育，剖面呈黄色或黄棕色。见图 9-2。

● **利用性能简评**

土体浅薄，耕层厚度不足 20 cm，质地适中，但较多砾石，耕性和通透性较差，易水土流失。土壤呈酸性，有机质含量中等，速效矿质养分丰富，但保肥性能较弱，植烟时应注意保持水土，深耕除石，促进土壤有机质的积累，促进土壤熟化，施用热性肥料，平衡施肥，提高土温。

泸州市古蔺县观文镇石灰黄泥土具体情况见表 9-1、表 9-2。

图9-1 泸州市古蔺县观文镇共和村植烟土地景观

Ap: 0～<18 cm，暗棕色（7.5YR 3/4），壤土，粒状－小块状结构，松散－稍坚实，有大量根系。

C1: 18～<75 cm，浊黄棕色（5YR 5/4），紧实母质层，土体中有较多石灰岩碎屑和大块砾石。

C2: 75～100 cm，浊黄棕色（5YR 5/4），紧实母质层，土体中有较多石灰岩碎屑。

图9-2　石灰黄泥土剖面结构

表9-1 泸州市古蔺县观文镇石灰黄泥土物理性状

| 土层厚度/cm | 机械组成 /% | | | | 质地 | 容重/(g·cm⁻³) |
	黏粒<0.002 mm	细粉粒0.002～<0.02 mm	粗粉粒0.02～<0.05 mm	砂粒0.05～2.0 mm		
0～<20	13.10	28.02	14.31	44.56	壤土	1.09
20～40	10.89	24.40	14.11	50.60	壤土	1.05

表9-2 泸州市古蔺县观文镇石灰黄泥土养分与化学性质

土层厚度/cm	pH值	有机质/(g·kg⁻¹)	全氮/(g·kg⁻¹)	全磷/(g·kg⁻¹)	全钾/(g·kg⁻¹)	碱解氮/(mg·kg⁻¹)	有效磷/(mg·kg⁻¹)	速效钾/(mg·kg⁻¹)	CEC[cmol(+)/kg]
0～<20	5.20	26.40	1.36	0.63	5.86	160	58.2	267	10.6
20～40	5.52	5.21	0.41	0.22	6.92	26	9.9	62	6.1

9.2 泸州市叙永县麻城镇石灰黄泥土

根据中国土壤发生分类系统，该剖面土壤属于石灰（岩）土，亚类为黄色石灰土，土属为石灰黄泥土。

中国土壤系统分类：普通钙质湿润淋溶土。

美国土壤系统分类：典型铁质湿润淋溶土 (Typic Ferrudalfs)。

世界土壤资源参比基础：简育铁质高活性淋溶土 (Haplic Ferric Luvisols)。

调查采样时间：2021 年 1 月 23 日。

● **位置与环境条件**

调查地位于四川泸州市叙永县麻城镇（图 9-3、图 9-4），105.663 054 03° E、27.920 654 63° N，海拔 1 277 m，中亚热带湿润气候，年均温 18.0 ℃，年均降水量 1 172.6 mm，年均蒸散量 791.8 mm，干燥度 0.68，成土母质为寒武系中上统娄山关群（∈ol）白云岩残坡积物，旱地。

● **诊断层与诊断特征**

调查地的土壤是碳酸盐岩（灰岩、白云岩等）经溶蚀风化堆积而形成的厚薄不等、钙饱和或含游离碳酸钙的幼年土壤，粗骨性特征明显，土层浅薄。诊断特征包括：由于分布区域气候湿润，土壤受水的作用较深，氧化铁水化程度较高，土壤颜色偏黄。已开始富铝化过程，向黄壤方向发育，剖面呈黄色或黄棕色。土体中含有较多砾石，表层结构较好，有黏粒下移现象，心土层结构较差。见图9-5。

● **利用性能简评**

土体深厚，耕层厚度约30 cm，质地适中。耕性和通透性尚可，土壤呈碱性，有机质含量中等偏少，速效养分含量丰富，土壤保肥性能较弱，易水土流失。植烟时需注意冬季翻耕炕土，增施有机肥或种植绿肥，秸秆还田，改善土壤结构，提高土壤保肥性能，施用热性肥料，提高土温。

泸州市叙永县麻城镇石灰黄泥土具体情况见表9-3、表9-4。

图9-3 泸州市叙永县麻城镇植烟区地形地貌特征

图9-4 泸州市叙永县麻城镇植烟土地景观

Ap：0～＜30 cm，暗黄棕色（10YR 4/4），壤土，团块状结构，疏松，有大量根系。

Bw：30～＜55 cm，黄棕色（7.5YR 4/4），壤土，团块状结构，稍紧实，根系渐少。

Btr：55～105 cm，亮黄棕色（7.5YR 5/6），壤土，屑粒状结构，紧实，结构体中有较多黏粒胶膜和铁锰结核。

图9-5 石灰黄泥土剖面结构

表9-3 泸州市叙永县麻城镇石灰黄泥土物理性状

| 土层厚度/cm | 机械组成 /% | | | | 质地 | 容重/(g·cm⁻³) |
	黏粒< 0.002 mm	细粉粒0.002～< 0.02 mm	粗粉粒0.02～< 0.05 mm	砂粒0.05～2.0 mm		
0～< 20	7.66	18.95	23.19	50.20	壤土	1.19
20～< 40	7.26	20.56	20.97	51.21	壤土	1.35
40～60	10.48	18.55	18.95	52.02	壤土	1.19

表9-4 泸州市叙永县麻城镇石灰黄泥土养分与化学性质

土层厚度/cm	pH 值	有机质/(g·kg⁻¹)	全氮/(g·kg⁻¹)	全磷/(g·kg⁻¹)	全钾/(g·kg⁻¹)	碱解氮/(mg·kg⁻¹)	有效磷/(mg·kg⁻¹)	速效钾/(mg·kg⁻¹)	CEC[cmol(+)/kg]
0～< 20	8.48	21.40	1.72	0.94	21.68	300	45.3	436	11.6
20～< 40	8.10	15.80	1.22	0.66	21.05	103	4.7	218	4.7
40～60	7.70	8.58	0.90	0.51	27.67	72	8.0	83	5.6

9.3 宜宾市兴文县仙峰乡石灰黄泥土

根据中国土壤发生分类系统，该剖面土壤属于石灰（岩）土，亚类为黄色石灰土，土属为石灰黄泥土。

中国土壤系统分类：棕色钙质湿润雏形土。

美国土壤系统分类：典型饱和湿润始成土 (Typic Eutrudepts)。

世界土壤资源参比基础：饱和雏形土 (Eutric Cambisols)。

调查采样时间：2021 年 1 月 21 日。

● 位置与环境条件

调查地位于宜宾市兴文县仙峰乡群鱼村（图 9-6、图 9-7），105.055 485 94° E、

28.214 476 84° N，海拔 1 153 m，中亚热带湿润气候，年均温 17.2℃，年均降水量 1 333 mm，年均蒸散量 716 mm，干燥度 0.54，成土母质为二叠系阳新统阳新组（P_2y）灰岩或二叠系乐平统龙潭组（P_3l）砂岩夹灰岩残坡积物，旱地。

● 诊断层与诊断特征

调查地土壤是碳酸盐岩（灰岩、白云岩等）经溶蚀风化堆积而形成的厚薄不等、钙饱和或含游离碳酸钙的幼年土壤，粗骨性特征明显，土层浅薄。诊断特征包括：由于分布区域气候湿润，土壤受水的作用较深，氧化铁水化程度较高，土壤颜色偏黄；已开始富铝化过程，向黄壤方向发育，剖面呈黄色或黄棕色。见图 9-8。

● 利用性能简评

土体深厚，耕层适中，土层厚度约 25 cm，质地适中，耕性和通透性尚可。土壤呈酸性，有机质和速效养分含量丰富，保肥性能好。植烟时应加强田间管理，合理轮作，控制肥料用量，避免肥料的浪费。

宜宾市兴文县仙峰乡石灰黄泥土具体情况见表 9-5、表 9-6。

图9-6　宜宾市兴文县仙峰乡群鱼村植烟区地形地貌特征

图9-7 宜宾市兴文县仙峰乡群鱼村植烟土地景观

Ap：0～<25 cm，棕色（7.5YR 5/4），砂壤土，团块状结构，稍紧实，有大量根系。

Bw1：25～<50 cm，浅棕色（7.5YR 6/4），砂壤土，团块状结构，紧实。

Bw2：50～<76 cm，黄棕色（7.5YR 5/6），壤土，团块状结构，紧实。

Bw3：76～110 cm，浅黄棕色（7.5YR 6/6），壤土，团块状结构，紧实。

图9-8 石灰黄泥土剖面结构

表9-5　宜宾市兴文县仙峰乡石灰黄泥土物理性状

| 土层厚度/cm | 机械组成 /% | | | | 质地 | 容重/(g·cm⁻³) |
	黏粒 ＜ 0.002 mm	细粉粒 0.002～＜ 0.02 mm	粗粉粒 0.02～＜ 0.05 mm	砂粒 0.05～2.0 mm		
0～＜ 20	8.27	18.35	17.94	55.44	砂壤土	1.23
20～＜ 40	9.07	18.15	15.73	57.06	砂壤土	1.19
40～60	12.90	13.10	23.39	50.60	壤土	1.09

表9-6　宜宾市兴文县仙峰乡石灰黄泥土养分与化学性质

土层厚度/cm	pH 值	有机质/(g·kg⁻¹)	全氮/(g·kg⁻¹)	全磷/(g·kg⁻¹)	全钾/(g·kg⁻¹)	碱解氮/(mg·kg⁻¹)	有效磷/(mg·kg⁻¹)	速效钾/(mg·kg⁻¹)	CEC[cmol(+)/kg]
0～＜ 20	5.37	41.80	2.43	1.63	10.02	222	30.8	1263	20.6
20～＜ 40	6.36	24.80	1.57	0.81	8.59	97	1.1	469	10.6
40～60	6.70	10.00	0.77	0.47	10.70	57	4.1	121	11.0

9.4　宜宾市兴文县石林镇石灰黄泥土

根据中国土壤发生分类系统，该剖面土壤属于石灰（岩）土，亚类为黄色石灰土，土属为石灰黄泥土。

中国土壤系统分类：普通简育湿润淋溶土。

美国土壤系统分类：典型简育湿润淋溶土 (Typic Hapludalfs)。

世界土壤资源参比基础：简育高活性淋溶土 (Haplic Luvisols)。

调查采样时间：2021 年 1 月 19 日。

● 位置与环境条件

调查地位于宜宾市兴文县石林镇石海村（图 9-9、图 9-10），105.135 555 6° E、

27.196 649 99° N，海拔 888 m，中亚热带湿润气候，年均温 17.2℃，年均降水量 1 333 mm，年均蒸散量 716 mm，干燥度 0.54，成土母质为二叠系阳新统阳新组（P₂y）灰岩残坡积物，旱地。

● 诊断层与诊断特征

调查地土壤是碳酸盐岩（灰岩、白云岩等）经溶蚀风化堆积而形成的厚薄不等、钙饱和或含游离碳酸钙的幼年土壤，粗骨性特征明显，土层浅薄。诊断特征包括：由于分布区域气候湿润，土壤受水的作用较深，氧化铁水化程度较高，土壤颜色偏黄；已开始富铝化过程，向黄壤方向发育，剖面呈黄色或黄棕色。土体中含有较多砾石，表层结构较好，有黏粒下移现象，心土层结构较差。见图 9-11。

● 利用性能简评

土体深厚，耕层偏浅，土层厚度约 15 cm，质地黏重，且夹杂较多石块、瓦砾，不利于耕作。土壤呈酸性，有机质含量中等，速效养分丰富，但保肥性能较弱，易水土流失。植烟时需注意以保持水土为重点，冬季翻耕炕土，施用热性肥料，提高土温。应增施有机肥或种植绿肥，秸秆还田，改良土壤结构。

宜宾市兴文县石林镇石灰黄泥土具体情况见表 9-7、表 9-8。

图9-9　宜宾市兴文县石林镇石海村植烟区地形地貌特征

图9-10 宜宾市兴文县石林镇石海村植烟土地景观

Ap: 0～<15 cm，棕色（7.5YR 5/4），壤土，小块状结构，稍紧实，有大量根系，夹杂瓦砾状石块。

Bw1: 15～<40 cm，棕色（7.5YR 4/3），壤土，小块状结构，稍紧实，根系渐少，夹杂瓦砾状石块。

Bw2: 40～<70 cm，红棕色（5YR 5/4），壤土，屑粒状结构，紧实，有少许根系，夹杂大块瓦砾。

Bt: 70～125 cm，红棕色（5YR 5/4），壤土，屑粒状结构，紧实，夹杂小块砾石，结构面有黏粒胶膜和大块石灰岩。

图9-11　石灰黄泥土剖面结构

表9-7 宜宾市兴文县石林镇石灰黄泥土物理性状

土层厚度/cm	机械组成/%				质地	容重/(g·cm⁻³)
	黏粒 <0.002 mm	细粉粒 0.002～<0.02 mm	粗粉粒 0.02～<0.05 mm	砂粒 0.05～2.0 mm		
0～<20	11.49	28.23	14.31	45.97	壤土	1.51
20～<40	11.09	26.41	12.30	50.20	壤土	1.57
40～60	12.70	23.39	15.93	47.98	壤土	1.10

表9-8 宜宾市兴文县石林镇石灰黄泥土养分与化学性质

土层厚度/cm	pH 值	有机质/(g·kg⁻¹)	全氮/(g·kg⁻¹)	全磷/(g·kg⁻¹)	全钾/(g·kg⁻¹)	碱解氮/(mg·kg⁻¹)	有效磷/(mg·kg⁻¹)	速效钾/(mg·kg⁻¹)	CEC[cmol(+)/kg]
0～<20	5.23	27.50	1.42	0.68	8.34	148	64.0	413	9.4
20～<40	5.48	16.50	0.84	0.33	8.77	75	1.7	125	7.8
40～60	6.02	17.20	0.82	0.34	7.56	68	6.5	51	10.0

9.5 宜宾市筠连县篙坝镇石灰黄泥土

根据中国土壤发生分类系统，该剖面土壤属于石灰（岩）土，亚类为黄色石灰土，土属为石灰黄泥土。

中国土壤系统分类：石质钙质湿润雏形土。

美国土壤系统分类：石质饱和湿润始成土 (Lithic Eutrudepts)。

世界土壤资源参比基础：饱和薄层雏形土 (Eutric Leptic Cambisols)。

调查采样时间：2020 年 11 月 21 日。

● 位置与环境条件

调查地位于宜宾市筠连县篙坝镇龙盘村（图 9-12），104.569 166 7° E、

27.928 888 8° N，海拔 1 212 m，中亚热带湿润气候，年均温 17.5℃，年均降水量 1 221 mm，年均蒸散量 738.8 mm，干燥度 0.61，成土母质为二叠系船山统茅口组（P_1m）灰岩，旱地。

● **诊断层与诊断特征**

调查地土壤是碳酸盐岩（灰岩、白云岩等）经溶蚀风化堆积而形成的厚薄不等、钙饱和或含游离碳酸钙的幼年土壤，粗骨性特征明显，土层浅薄。诊断特征包括：由于分布区域气候湿润，土壤受水的作用较深，氧化铁水化程度较高；土壤颜色偏黄。已开始富铝化过程，向黄壤方向发育，剖面呈黄色或黄棕色。见图 9-13。

● **利用性能简评**

土体深浅不一，下部有大量巨型岩石，耕层偏浅，厚度不足 20 cm，且夹杂较多砾石，耕性和通透性较差。土壤呈弱酸性，有机质和矿质养分丰富，保肥性能较好。适宜种植烟草，植烟时应加强田间管理。

宜宾市筠连县篙坝镇石灰黄泥土具体情况见表 9-9、表 9-10。

图9-12 宜宾市筠连县篙坝镇龙盘村植烟土地景观

Ap: 0～＜18 cm，棕色（7.5YR 4/2），砂壤土，团块状结构，稍紧实，有大量根系，夹杂小块砾石。

Bw1: 18～＜50 cm，棕色（7.5YR 4/4），砂壤土，屑粒状结构，紧实，根系渐少。

Bw2: 50～115 cm，棕色（7.5YR 4/4），砂壤土，屑粒状结构，紧实，镶嵌巨型岩石。

图9-13　石灰黄泥土剖面结构

表9-9 宜宾市筠连县篙坝镇石灰黄泥土物理性状

| 土层厚度/cm | 机械组成 /% | | | | 质地 | 容重/(g·cm⁻³) |
	黏粒 < 0.002 mm	细粉粒 0.002～< 0.02 mm	粗粉粒 0.02～< 0.05 mm	砂粒 0.05～2.0 mm		
0～< 20	9.68	11.09	13.10	66.13	砂壤土	1.12
20～< 40	9.88	11.29	11.90	66.94	砂壤土	0.91
40～60	12.90	5.44	19.56	62.10	砂壤土	0.98

表9-10 宜宾市筠连县篙坝镇石灰黄泥土养分与化学性质

土层厚度/cm	pH 值	有机质/(g·kg⁻¹)	全氮/(g·kg⁻¹)	全磷/(g·kg⁻¹)	全钾/(g·kg⁻¹)	碱解氮/(mg·kg⁻¹)	有效磷/(mg·kg⁻¹)	速效钾/(mg·kg⁻¹)	CEC[cmol(+)/kg]
0～< 20	6.77	46.80	2.62	1.37	13.93	241	62.1	333	20.3
20～< 40	6.20	27.50	1.85	0.99	14.48	147	19.5	119	9.7
40～60	7.06	21.80	1.76	1.27	16.25	178	6.5	96	9.0

9.6 攀枝花仁和区平地镇石灰红泥土

根据中国土壤发生分类系统，该剖面土壤属于石灰（岩）土，亚类为红色石灰土，土属为石灰红泥土。

中国土壤系统分类：普通铁质干润雏形土。

美国土壤系统分类：典型简育干润始成土 (Typic Haplustepts)。

世界土壤资源参比基础：饱和艳色雏形土 (Eutric Chromic Cambisols)。

调查采样时间：2021 年 1 月 13 日。

● 位置与环境条件

调查地位于攀枝花市仁和区平地镇迤沙拉村（图 9-14、图 9-15），101.871 997 35° E、

26.236 946 12° N，海拔 1 752 m，南亚热带半干旱气候，年均温 20.3 ℃，年均降水量 765.5 mm，年均蒸散量 1 328.5 mm，干燥度 1.74，成土母质为寒武系下统、震旦系上统灯影组（Z∈d）灰岩，旱地。

● **诊断层与诊断特征**

调查地风化淋溶较强，脱钙较为彻底，残留下来的黏土矿物中有较多的含水氧化铁和三水铝石。在干热气候条件下，含水氧化铁脱水而形成无定形氧化铁和赤铁矿，并包被矿物颗粒而呈现鲜明的红色或棕红色。诊断特征包括：土壤富铝化特征比较明显，钙质淋溶作用强烈，黏粒和铁锰氧化物发生移动淀积；土体呈红棕色，土壤呈中性至碱性，通体含有较多石灰岩碎屑等。见图 9-16。

● **利用性能简评**

土体较厚，耕层浅薄，土层厚度约 15 cm，土体中砾石含量高，疏松通透，但不利于保水。土壤呈碱性，有机质积累少，速效氮、钾养分缺乏，有效磷含量丰富，耕层土壤保肥性能一般，且养分分布不均衡，植烟时应增加覆盖，减少蒸发，并大力发展绿肥和豆科作物，增施有机肥，选择酸性肥料补充氮、钾肥，抗旱保肥。

攀枝花仁和区平地镇石灰红泥土具体情况见表 9-11、表 9-12。

图9-14 攀枝花市仁和区平地镇迤沙拉村植烟区地形地貌特征

图9-15 攀枝花市仁和区平地镇迤沙拉村植烟土地景观

Ap: 0～<15 cm, 亮红色（10R 6/8）, 砂壤土, 团块状结构, 疏松, 有大量根系。

Bw1: 15～<30 cm, 红色（10R 5/6）, 砂壤土, 团块状结构, 稍紧实, 有较多根系, 夹杂小块砾石。

Bw2: 30～110 cm, 暗红色（7.5YR 3/6）, 砂壤土, 屑粒状结构, 稍紧实, 有大量石灰岩碎屑。

图9-16　石灰红泥土剖面结构

表9-11 攀枝花仁和区平地镇石灰红泥土物理性状

| 土层厚度/cm | 机械组成 /% | | | | 质地 | 容重/(g·cm⁻³) |
	黏粒 < 0.002 mm	细粉粒 0.002~< 0.02 mm	粗粉粒 0.02~< 0.05 mm	砂粒 0.05~2.0 mm		
0~< 20	7.86	11.69	15.12	65.32	砂壤土	1.37
20~< 40	12.10	10.48	17.34	60.08	砂壤土	1.25
40~60	11.49	9.27	18.35	60.89	砂壤土	1.23

表9-12 攀枝花仁和区平地镇石灰红泥土养分与化学性质

土层厚度/cm	pH 值	有机质/(g·kg⁻¹)	全氮/(g·kg⁻¹)	全磷/(g·kg⁻¹)	全钾/(g·kg⁻¹)	碱解氮/(mg·kg⁻¹)	有效磷/(mg·kg⁻¹)	速效钾/(mg·kg⁻¹)	CEC[cmol(+)/kg]
0~< 20	8.62	10.30	0.77	1.02	20.65	53	40.2	107	13.9
20~< 40	7.67	14.50	0.80	1.03	10.50	70	20.0	292	23.6
40~60	7.74	13.70	0.75	0.75	8.30	66	10.0	132	7.6

9.7　达州市万源市井溪镇石灰棕泥土

根据中国土壤发生分类系统，该剖面土壤属于石灰（岩）土，亚类为棕色石灰土，土属为石灰棕泥土。

中国土壤系统分类：棕色钙质湿润雏形土。

美国土壤系统分类：典型饱和湿润始成土 (Typic Eutrudepts)。

世界土壤资源参比基础：饱和雏形土 (Eutric Cambisols)。

调查采样时间：2020 年 10 月 29 日。

● 位置与环境条件

调查地位于达州市万源市井溪镇三岔湾村（图 9-17、图 9-18），108.266 461 1° E、

31.785 416 66° N，海拔 1 254 m，北亚热带湿润气候，年均温 14.7℃，年均降水量 1169.3 mm，年均蒸散量 842.2 mm，干燥度 0.7，成土母质为三叠系下统殷抗阶大冶组（T_1d）灰岩残坡积物，旱地。

● 诊断层与诊断特征

调查地淋溶淀积现象比较明显，聚积成棕色黏土层（B层）。诊断特征包括：化学风化和碳酸钙的淋溶作用明显；因气候干湿交替，复钙过程活跃，有一定的有机质积累；下层土壤颜色稍浅，呈黄棕色；土层厚薄不一，剖面层次分化不明显。见图9-19。

● 利用性能简评

土体深厚，耕层适中，土层厚度约 25 cm，质地尚可，土体中有较多砾石。土壤呈弱酸性，有机质和速效氮、磷养分含量极缺乏，速效钾含量中等，保肥性能一般。植烟时应增施有机肥或种植绿肥，秸秆还田，改良土壤结构，补充氮、磷肥，平衡养分，以促进烟株生长。

达州市万源市井溪镇石灰棕泥土具体情况见表9-13、表9-14。

图9-17　达州市万源市井溪镇三岔湾村植烟区地形地貌特征

图9-18 达州市万源市井溪镇三岔湾村植烟土地景观

Ap：0～＜25 cm，暗棕色（7.5YR 4/4），壤土，小块状结构，稍紧实，有大量根系。

Bw1：25～＜75 cm，黄棕色（7.5YR 5/6），壤土，小块状结构，紧实，根系渐少，夹杂砖石碎屑。

Bw2：75～118 cm，亮黄棕色（7.5YR 6/6），壤土，屑粒状结构，紧实。

图9-19　石灰红泥土剖面结构

表9-13　达州市万源市井溪镇石灰棕泥土物理性状

土层厚度/cm	机械组成 /%				质地	容重/(g·cm⁻³)
	黏粒<0.002 mm	细粉粒0.002～<0.02 mm	粗粉粒0.02～<0.05 mm	砂粒0.05～2.0 mm		
0～<20	7.66	22.18	21.37	48.79	壤土	1.18
20～<40	7.06	20.77	27.22	44.96	壤土	1.34
40～60	7.86	21.57	19.35	51.21	壤土	1.30

表9-14　达州市万源市井溪镇石灰棕泥土养分与化学性质

土层厚度/cm	pH 值	有机质/(g·kg⁻¹)	全氮/(g·kg⁻¹)	全磷/(g·kg⁻¹)	全钾/(g·kg⁻¹)	碱解氮/(mg·kg⁻¹)	有效磷/(mg·kg⁻¹)	速效钾/(mg·kg⁻¹)	CEC[cmol(+)/kg]
0～<20	6.55	10.30	0.73	0.29	20.90	64	3.8	126	12.8
20～<40	7.30	7.57	0.62	0.35	25.72	47	4.3	110	4.6
40～60	6.91	6.51	0.54	0.31	28.43	38	6.0	86	16.9

9.8　宜宾市兴文县石林镇石灰棕泥土

根据中国土壤发生分类系统，该剖面土壤属于石灰（岩）土，亚类为棕色石灰土，土属为石灰棕泥土。

中国土壤系统分类：普通酸性湿润雏形土。

美国土壤系统分类：典型不饱和湿润始成土 (Typic Dystrudepts)。

世界土壤资源参比基础：不饱和雏形土 (Dystric Cambisols)。

调查采样时间：2021 年 1 月 20 日。

● 位置与环境条件

调查地位于宜宾市兴文县石林镇石海村（图 9-20、图 9-21），105.135 755 5° E、

28.197 055 55° N，海拔 891 m，中亚热带湿润气候，年均温 17.2℃，年均降水量 1 333 mm，年均蒸散量 716 mm，干燥度 0.54，成土母质为二叠系阳新统阳新组（P_2y）灰岩残坡积物，旱地。

● 诊断层与诊断特征

调查地淋溶淀积现象比较明显，聚积成棕色黏土层（B 层）。诊断特征包括：化学风化和碳酸钙的淋溶作用明显，因气候干湿交替，复钙过程活跃，有一定的有机质积累，下层土壤颜色稍浅，呈黄棕色；土层厚薄不一，剖面层次分化不明显。见图 9-22。

● 利用性能简评

土体深厚，耕层偏浅，土层厚度约 20 cm，质地适中。土壤呈酸性，有机质和氮素含量缺乏，有效磷极缺乏，速效钾含量丰富，保肥性能较弱，且养分分布不均衡。植烟时应增厚耕作层，增施腐熟的有机肥，提高保肥性能，适量配施碱性肥料，培肥土壤。

宜宾市兴文县石林镇石灰棕泥土具体情况见表 9-15、表 9-16。

图9-20 宜宾市兴文县石林镇石海村植烟区地形地貌特征

图9-21　宜宾市兴文县石林镇石海村植烟土地景观

Ap：0～＜20 cm，棕色 (7.5YR 4/3)，壤土，团块状结构，稍紧，有大量根系。

Br1：20～＜40 cm，棕色 (7.5YR 4/4)，壤土，小块状结构，稍紧，根系渐少，结构面有锈斑纹。

Br2：40～＜100 cm，暗灰棕色（10YR 3/2），壤土，小块状结构，稍紧实，结构面有锈斑纹。

Br3：100～118 cm，暗黄棕色（10YR 4/4），有锈斑纹，壤土，小块状结构，紧实，夹杂砂岩碎屑。

图9-22　石灰棕泥土剖面结构

表9-15　宜宾市兴文县石林镇石灰棕泥土物理性状

土层厚度/cm	机械组成 /%				质地	容重/(g·cm⁻³)
	黏粒< 0.002 mm	细粉粒0.002～< 0.02 mm	粗粉粒0.02～< 0.05 mm	砂粒0.05～2.0 mm		
0～< 20	10.48	24.40	15.93	49.19	壤土	1.19
20～< 40	12.90	24.19	13.91	48.99	壤土	1.36
40～60	9.48	23.39	17.14	50.00	壤土	1.10

表9-16　宜宾市兴文县石林镇石灰棕泥土养分与化学性质

土层厚度/cm	pH 值	有机质/(g·kg⁻¹)	全氮/(g·kg⁻¹)	全磷/(g·kg⁻¹)	全钾/(g·kg⁻¹)	碱解氮/(mg·kg⁻¹)	有效磷/(mg·kg⁻¹)	速效钾/(mg·kg⁻¹)	CEC[cmol(+)/kg]
0～< 20	5.56	13.60	0.93	0.35	9.53	78	2.9	372	9.4
20～< 40	5.24	6.70	0.52	0.28	8.47	41	0.8	152	12.6
40～60	4.80	15.40	0.93	0.44	8.03	93	1.3	74	11.8

10

紫色土

10.1　宜宾市筠连县篙坝镇红紫泥土

根据中国土壤发生分类系统，该剖面土壤属于紫色土，亚类为酸性紫色土，土属为红紫泥土。

中国土壤系统分类：红色铁质湿润雏形土。

美国土壤系统分类：典型饱和湿润始成土（Typic Eutrudepts）。

世界土壤资源参比基础：饱和艳色雏形土（Eutric Chromic Cambisols）。

调查采样时间：2020 年 11 月 22 日。

● **位置与环境条件**

调查地位于宜宾市筠连县篙坝镇篙坝村（图 10-1），104.578 055 6° E、27.918 055 55° N，海拔 1 212 m，中亚热带湿润气候，年均温 17.5℃，年均降水量 1 221 mm，年均蒸散量 738.8 mm，干燥度 0.61，成土母质为白垩系（K）紫红色砾岩、砂岩，旱地。

● **诊断层与诊断特征**

调查地土壤由紫色岩残坡积物发育而来，土壤 pH 值小于 6.5，碳酸钙含量小于 1%。红紫泥土是酸性紫色砂岩风化物形成的酸性紫色土，土壤侵蚀严重，土层浅薄，砂砾含量高。诊断特征包括紫色砂（砾）岩岩性特征、通体呈单一紫红色、土壤呈酸性、有紫色砂岩碎屑等。见图 10-2。

● **利用性能简评**

土体浅薄，耕层厚度约 25 cm，质地适中，砂岩碎屑偏多，耕性和通透性较好。土壤呈酸性，有机质和氮素含量丰富，磷、钾含量中等，保肥性能一般。植烟时应适度深耕，增施有机肥或种植绿肥，秸秆还田，改良土壤结构，适度增施磷钾肥和微肥。

宜宾市筠连县篙坝镇红紫泥土具体情况见表 10-1、表 10-2。

图10-1 宜宾市筠连县筒坝镇筒坝村植烟土地景观

Ap：0～＜25 cm，灰紫色（10RP 4/2），砂壤土，粒状－小块状结构，松散－稍紧实，土体中有紫色砂岩碎屑。

Bw：25～＜68 cm，灰紫色（10RP 4/2），壤土至砂壤土，粒状－小块状结构，紧实，土体中有较多紫色砂岩碎屑。

C：68～120 cm，灰紫色（10RP 4/2），粒状结构，紧实，有大块紫红色砂岩。

图10-2　红紫泥土剖面结构

表10-1　宜宾市筠连县篙坝镇红紫泥土物理性状

| 土层厚度/cm | 机械组成 /% | | | | 质地 | 容重/(g·cm⁻³) |
	黏粒 ＜0.002 mm	细粉粒 0.002～＜0.02 mm	粗粉粒 0.02～＜0.05 mm	砂粒 0.05～2.0 mm		
0～＜20	10.48	21.37	13.51	54.64	砂壤土	1.19
20～＜40	12.30	24.80	13.71	49.19	壤土	1.28
40～60	13.51	20.97	12.90	52.62	砂壤土	1.32

表10-2　宜宾市筠连县篙坝镇红紫泥土养分与化学性质

土层厚度/cm	pH 值	有机质/(g·kg⁻¹)	全氮/(g·kg⁻¹)	全磷/(g·kg⁻¹)	全钾/(g·kg⁻¹)	碱解氮/(mg·kg⁻¹)	有效磷/(mg·kg⁻¹)	速效钾/(mg·kg⁻¹)	CEC[cmol(+)/kg]
0～＜20	4.96	43.40	2.01	1.29	13.07	213	23.2	114	17.1
20～＜40	5.38	36.40	1.55	1.04	14.18	120	1.2	74	7.1
40～60	5.90	32.10	1.30	1.05	14.03	108	0.1	112	7.7

10.2　宜宾市屏山县中都镇红紫泥土

　　根据中国土壤发生分类系统，该剖面土壤属于紫色土，亚类为酸性紫色土，土属为红紫泥土。

　　中国土壤系统分类：红色铁质湿润雏形土。

　　美国土壤系统分类：典型饱和湿润始成土 (Typic Eutrudepts)。

　　世界土壤资源参比基础：艳色薄层雏形土 (Chromic Leptic Cambisols)。

　　调查采样时间：2020 年 12 月 8 日。

● 位置与环境条件

　　调查地位于宜宾市屏山县中都镇新权村（图 10-3、图 10-4），103.845 833 3° E、

28.7402 333 3° N，海拔 1 212 m，北亚热带（暖温带）湿润气候，年均温 15℃，年均降水量 1 066.1 mm，年均蒸散量 650.6 mm，干燥度 0.61，成土母质为白垩系嘉定群（Kj）砂岩夹泥岩残坡积物，旱地。

● **诊断层与诊断特征**

调查地土壤由紫色岩残坡积物发育而来，土壤 pH 值小于 6.5，碳酸钙含量小于 1%。红紫泥土是酸性紫色砂岩风化物形成的酸性紫色土，土壤侵蚀严重，土层浅薄，砂砾含量高。诊断特征包括紫色砂（砾）岩岩性特征、通体呈单一紫红色、土壤呈酸性、有紫色砂岩碎屑等。见图 10-5。

● **利用性能简评**

土壤易被侵蚀，土层浅薄，细粒含量高，质地偏黏重。土壤呈酸性，有机质含量中等偏低，氮素含量丰富，磷、钾含量中等，土壤保肥性能一般，植烟时应增施有机肥，重施磷、钾肥。

宜宾市屏山县中都镇红紫泥土具体情况见表 10-3、表 10-4。

图10-3　宜宾市屏山县中都镇新权村植烟区地形地貌特征

图10-4 宜宾市屏山县中都镇新权村植烟土地景观

Ap: 0～<20 cm，红色（2.5YR 4/6），壤土，团块状结构，疏松，有大量根系。

Bw1: 20～<42 cm，红色（2.5YR 4/6），壤土，小块状结构，稍紧实，根系渐少。

Bw1: 42～<65 cm，红色（2.5YR 4/6），壤土，小块状结构，紧实，夹杂小块砾石。

C: 65～<84 cm，红色（2.5YR 5/6），砂砾质母质层。

R: 84～100 cm，红色砂岩。

图10-5　红紫泥土剖面结构

表10-3　宜宾市屏山县中都镇红紫泥土物理性状

土层厚度/cm	机械组成 /%				质地	容重/(g·cm⁻³)
	黏粒 < 0.002 mm	细粉粒 0.002~< 0.02 mm	粗粉粒 0.02~< 0.05 mm	砂粒 0.05~2.0 mm		
0~< 20	14.92	34.07	14.52	36.49	壤土	1.38
20~< 40	17.94	33.87	13.31	34.88	壤土	1.65
40~60	17.34	33.67	15.93	33.06	壤土	1.34

表10-4　宜宾市屏山县中都镇红紫泥土养分与化学性质

土层厚度/cm	pH 值	有机质/(g·kg⁻¹)	全氮/(g·kg⁻¹)	全磷/(g·kg⁻¹)	全钾/(g·kg⁻¹)	碱解氮/(mg·kg⁻¹)	有效磷/(mg·kg⁻¹)	速效钾/(mg·kg⁻¹)	CEC[cmol(+)/kg]
0~< 20	5.05	20.70	1.33	0.22	22.21	137	11.1	106	15.7
20~< 40	6.04	7.58	0.61	0.27	21.63	46	0.4	86	11.1
40~60	6.16	10.00	0.75	0.26	22.40	65	58.3	79	9.9

10.3　凉山州会东县鲹鱼河镇酸紫泥土

根据中国土壤发生分类系统，该剖面土壤属于紫色土，亚类为酸性紫色土，土属为酸紫泥土。

中国土壤系统分类：普通铁质干润雏形土。

美国土壤系统分类：石质不饱和半干润始成土 (Lithic Dystrustepts)。

世界土壤资源参比基础：艳色薄层雏形土 (Chromic Leptic Cambisols)。

调查采样时间：2021 年 3 月 9 日。

● 位置与环境条件

调查地位于凉山州会东县鲹鱼河镇马头山村（图 10-6、图 10-7），

102.431 183 37° E、26.662 139 99° N，海拔 2 235 m，中亚热带（半）湿润气候，年均温 16.1℃，年均降水量 1 058.0 mm，年均蒸散量 1 202.0 mm，干燥度 1.1，成土母质为侏罗系上统官沟组（J_3g）泥岩夹泥灰岩、砂岩残坡积物，旱地。

● **诊断层与诊断特征**

调查地土壤由紫色岩残坡积物发育而来，土壤 pH 值小于 6.5，碳酸钙含量小于 1%。酸紫泥土是含钙母质在强烈淋溶条件下形成的，是发育程度较深的酸性紫色土，黏化明显，土壤酸性较强。诊断特征包括土体浅薄、紫色砂（砾）岩岩性特征、土壤呈酸性至强酸性等。见图 10-8。

● **利用性能简评**

土壤发育程度弱，土体极浅薄，粗骨性强，易水土流失。土壤呈酸性，有机质和氮素含量缺乏，速效磷、钾养分丰富，土壤保肥性能一般，植烟时需深耕培土，增加土壤有机质积累，促进土壤熟化，配合覆盖保墒和配方施肥技术，培肥土壤，减少水肥流失。

凉山州会东县鲹鱼河镇酸紫泥土具体情况见表 10-5、表 10-6。

图10-6　凉山州会东县鲹鱼河镇马头山村植烟区地形地貌特征

图10-7 凉山州会东县鲹鱼河镇马头山村植烟土地景观

Ap: 0～<20 cm, 黄红色(5YR 5/6), 砂壤土, 团块状结构, 松散, 有较多植物残体和薄膜碎屑。

C: 20～<40 cm, 黄红色(5YR 5/6), 砂壤土, 块状结构, 松散, 有大量根系。

R: 40～80 cm, 半风化体。

图10-8 酸紫泥土剖面结构

表10-5 凉山州会东县鲹鱼河镇酸紫泥土物理性状

土层厚度 /cm	机械组成 /%				质地	容重 /(g·cm⁻³)
	黏粒 < 0.002 mm	细粉粒 0.002～< 0.02 mm	粗粉粒 0.02～< 0.05 mm	砂粒 0.05～2.0 mm		
0～< 20	8.47	24.40	12.50	54.64	砂壤土	0.98
20～< 40	10.08	23.79	13.71	52.42	砂壤土	1.28
40～60	12.90	23.79	15.32	47.98	壤土	1.28

表10-6 凉山州会东县鲹鱼河镇酸紫泥土养分与化学性质

土层厚度 /cm	pH值	有机质 /(g·kg⁻¹)	全氮 /(g·kg⁻¹)	全磷 /(g·kg⁻¹)	全钾 /(g·kg⁻¹)	碱解氮 /(mg·kg⁻¹)	有效磷 /(mg·kg⁻¹)	速效钾 /(mg·kg⁻¹)	CEC [cmol(+)/kg]
0～< 20	4.60	10.40	0.89	0.51	14.25	78	25.0	396	13.4
20～< 40	4.95	6.14	0.64	0.24	16.01	41	0.3	167	11.1
40～60	5.08	5.06	0.53	0.27	13.17	26	8.0	70	6.2

10.4 凉山州普格县普吉镇酸紫泥土

根据中国土壤发生分类系统，该剖面土壤属于紫色土，亚类为酸性紫色土，土属为酸紫泥土。

中国土壤系统分类：红色铁质湿润雏形土。

美国土壤系统分类：典型不饱和湿润始成土 (Typic Dystrudepts)。

世界土壤资源参比基础：不饱和艳色雏形土 (Dystric Chromic Cambisols)。

调查采样时间：2021 年 3 月 15 日。

● 位置与环境条件

调查地位于凉山州普格县普吉镇中梁子村（图 10-9），102.542 526 3° E、

27.458 138 57° N，海拔 2 107 m，中亚热带湿润气候，年均温 16.2℃，年均降水量 1164.4 mm，年均蒸散量 1 182.7 mm，干燥度 1.0，成土母质为白垩系下统飞天山组（K₁f）沙泥或侏罗系下统官沟组（J₃g）泥岩夹泥灰岩、砂岩的残坡积物，旱地。

● **诊断层与诊断特征**

调查地土壤由紫色岩残坡积物发育而来，土壤 pH 值小于 6.5，碳酸钙含量小于 1%。酸紫泥土是含钙母质在强烈淋溶条件下形成的，是发育程度较深的酸性紫色土，土壤酸性较强。诊断特征包括土体浅薄、紫色砂（砾）岩岩性特征、土壤呈酸性至强酸性等。见图 10-10。

● **利用性能简评**

土壤母质酸性强，质地轻，粗砂含量高，土壤多为轻壤至中壤，易淀浆板结。土体深厚，耕层厚度约 20 cm，有机质分解缓慢，矿质养分含量丰富，植烟时需注意排涝，深耕培土，加速土壤熟化。

凉山州普格县普吉镇酸紫泥土具体情况见表 10-7、表 10-8。

图10-9　凉山州普格县普吉镇中梁子村植烟土地景观

Ap: 0～<20 cm，暗灰色（5YR 5/2），砂壤土，团块状结构，疏松，有大量根系。

Bw1: 20～<50 cm，灰棕色（5YR 4/3），砂壤土，粒状结构，稍紧实，有少许根系。

Bw2: 50～<90 cm，灰棕色（5YR 4/3），砂壤土，粒状结构，紧实，有大量砾石。

Bw3: 90～110 cm，浅灰棕色（5YR 5/4），砂壤土，粒状结构，紧实，有锈斑纹。

图10-10　酸紫泥土剖面结构

表10-7　凉山州普格县普吉镇酸紫泥土物理性状

| 土层厚度/cm | 机械组成 /% | | | | 质地 | 容重/(g·cm⁻³) |
	黏粒<0.002 mm	细粉粒0.002~<0.02 mm	粗粉粒0.02~<0.05 mm	砂粒0.05~2.0 mm		
0~<20	7.86	19.96	11.29	60.89	砂壤土	0.84
20~<40	10.89	18.15	16.73	54.23	砂壤土	1.40
40~60	10.48	15.73	17.54	56.25	砂壤土	1.29

表10-8　凉山州普格县普吉镇酸紫泥土养分与化学性质

土层厚度/cm	pH 值	有机质/(g·kg⁻¹)	全氮/(g·kg⁻¹)	全磷/(g·kg⁻¹)	全钾/(g·kg⁻¹)	碱解氮/(mg·kg⁻¹)	有效磷/(mg·kg⁻¹)	速效钾/(mg·kg⁻¹)	CEC[cmol(+)/kg]
0~<20	5.07	47.20	2.23	0.99	15.59	200	20.8	311	19.5
20~<40	5.24	10.90	0.94	0.61	18.75	57	3.3	187	20.0
40~60	5.10	7.27	0.74	0.47	18.86	50	0.3	85	24.8

10.5　达州市万源市大沙镇脱钙紫泥土

根据中国土壤发生分类系统，该剖面土壤属于紫色土，亚类为中性紫色土，土属为脱钙紫泥土。

中国土壤系统分类：红色铁质湿润雏形土。

美国土壤系统分类：典型饱和湿润始成土 (Typic Eutrudepts)。

世界土壤资源参比基础：饱和艳色雏形土 (Eutric Chromic Cambisols)。

调查采样时间：2020 年 10 月 28 日。

● 位置与环境条件

调查地位于达州市万源市大沙镇龙井村（图 10-11、图 10-12），107.709 826° E、

31.864 068° N，海拔 705 m，北亚热带湿润气候，年均温 14.7 ℃，年均降水量 1 169.3 mm，年均蒸散量 842.3 mm，干燥度 0.7，成土母质为白垩系下统苍溪组（K₁c）砂泥岩残坡积物，水田。

● 诊断层与诊断特征

调查地土壤由紫色岩残坡积物发育而来，土壤 pH 值为 6.5 ～ 7.5，碳酸钙含量为 1% ～3%。富钙母质在湿润多雨的气候条件下，经过淋溶，盐基大量淋失，但土体中仍保留部分碳酸钙。诊断特征包括所在区域水热条件、土体浅薄、紫色砂（泥）岩岩性特征、土壤中碳酸钙含量等。见图 10-13。

● 利用性能简评

土体深厚，耕层厚度约 25 cm，质地偏黏重，耕性和通透性尚可。土壤呈酸性，有机质含量缺乏，速效氮、磷养分丰富，速效钾含量缺乏，土壤保肥性能弱，植烟时应增施有机肥，重施底肥，补充钾素。

达州市万源市大沙镇脱钙紫泥土具体情况见表 10-9、表 10-10。

图10-11　达州市万源市大沙镇龙井村植烟区地形地貌特征

图10-12　达州市万源市大沙镇龙井村植烟土地景观

Ap1：0～＜17 cm，浅红棕色（5YR 5/3），壤土，团块状结构，稍紧实，有大量根系。

Ap2：17～＜25 cm，浅红棕色（5YR 6/3），壤土，团块状结构，稍紧实，有较多根系。

Br1：25～＜83 cm，浅红棕色（5YR 6/4），壤土，角块状结构，紧实，根系渐少，结构面可见灰色腐殖质－粉砂－黏粒胶膜和锈斑纹，土体夹杂铁锰结核。

Br2：83～100 cm，浅红棕色（5YR 6/4），壤土，角块状结构，紧实，结构面可见灰色腐殖质－粉砂－黏粒胶膜和锈斑纹，土体夹杂铁锰结核。

图10-13 脱钙紫泥土剖面结构

表10-9 达州市万源市大沙镇脱钙紫泥土物理性状

土层厚度/cm	机械组成 /%				质地	容重/(g·cm⁻³)
	黏粒<0.002 mm	细粉粒0.002~<0.02 mm	粗粉粒0.02~<0.05 mm	砂粒0.05~2.0 mm		
0~<20	7.66	20.56	24.80	46.98	壤土	1.29
20~<40	10.69	23.39	22.58	43.35	壤土	1.43
40~60	12.50	24.80	24.40	38.31	壤土	1.70

表10-10 达州市万源市大沙镇脱钙紫泥土养分与化学性质

土层厚度/cm	pH 值	有机质/(g·kg⁻¹)	全氮/(g·kg⁻¹)	全磷/(g·kg⁻¹)	全钾/(g·kg⁻¹)	碱解氮/(mg·kg⁻¹)	有效磷/(mg·kg⁻¹)	速效钾/(mg·kg⁻¹)	CEC[cmol(+)/kg]
0~<20	5.03	16.50	1.14	0.48	18.32	163	30.5	84	10.0
20~<40	5.11	12.40	0.98	0.36	17.93	97	15.5	66	7.0
40~60	7.16	6.44	0.48	0.21	17.62	41	3.1	41	1.2

10.6 凉山州会东县乌东德镇棕紫泥土

根据中国土壤发生分类系统，该剖面土壤属于紫色土，亚类为石灰性紫色土，土属为棕紫泥土。

中国土壤系统分类：普通铁质干润雏形土。

美国土壤系统分类：典型简育干润始成土 (Typic Haplustepts)。

世界土壤资源参比基础：饱和艳色雏形土 (Eutric Chromic Cambisols)。

调查采样时间：2021 年 3 月 11 日。

● 位置与环境条件

调查地位于凉山州会东县乌东德镇洛佐村（见图 10-14、图 10-15），

102.650 913 62° E、26.387 009 66° N，海拔 2 176 m，中亚热带（半）湿润气候，年均温16.1℃，年均降水量 1 058.0 mm，年均蒸散量 1 202.0 mm，干燥度 1.1，成土母质为二叠系阳新统阳新组（P_2y）灰岩残坡积物，旱地。

● **诊断层与诊断特征**

调查地土壤由紫色岩残坡积物发育而来，土壤 pH 值大于 7.5，碳酸钙含量大于 3%。紫色土具有岩性土的特点，经过强烈的物理风化过程，从母岩→母质→土壤的成土时间短，化学风化微弱，发育进程慢。此地的紫色土盐基物质淋移较少，土壤风化度较低，仍明显保持了母岩特性。棕紫泥土土属的母质是砂页岩或灰岩风化物，母岩为湖相沉积。诊断特征包括土体呈棕紫色、母质中有灰岩碎屑、土壤 pH 值呈碱性、土体砾石含量高等。见图 10-16。

● **利用性能简评**

土体浅薄，耕层厚度约 25 cm，质地为砂壤土，耕性和通透性尚佳。土壤呈碱性，有机质含量中等，速效矿质养分含量丰富，保肥性能中等，需充分利用光热资源，合理发展烟草产业，植烟时应加强水利灌溉，增加地表覆盖，减少蒸发和水土流失。

凉山州会东县乌东德镇棕紫泥土具体情况见表 10-11、表 10-12。

图10-14 凉山州会东县乌东德镇洛佐村植烟区地形地貌特征

图10-15 凉山州会东县乌东德镇洛佐村植烟土地景观

Ap: 0～<25 cm, 暗红棕色 (2.5YR 4/6), 砂壤土, 团块状结构, 疏松, 土体中有大量根系。

Bw1: 25～<60 cm, 红棕色 (2.5YR 4/4), 砂壤土, 粒状结构, 稍紧实, 夹杂较多小块砾石, 土体中有较多根系。

Bw2: 60～<85 cm, 红棕色 (2.5YR 4/4), 砂壤土, 粒状结构, 稍紧实, 夹杂较多小块砾石, 土体中根系渐少。

C: 85～100 cm, 暗红棕色 (2.5YR 3/4), 紧实, 夹杂大块灰岩。

图10—16 棕紫泥土剖面结构

表10-11 凉山州会东县乌东德镇棕紫泥土物理性状

土层厚度 /cm	机械组成 /%				质地	容重 /(g·cm⁻³)
	黏粒 < 0.002 mm	细粉粒 0.002～< 0.02 mm	粗粉粒 0.02～< 0.05 mm	砂粒 0.05～2.0 mm		
0～< 20	6.45	16.33	17.14	60.08	砂壤土	1.09
20～< 40	10.89	19.15	17.34	52.62	砂壤土	1.36
40～60	7.46	22.98	12.30	57.26	砂壤土	1.67

表10-12 凉山州会东县乌东德镇棕紫泥土养分与化学性质

土层厚度 /cm	pH 值	有机质 /(g·kg⁻¹)	全氮 /(g·kg⁻¹)	全磷 /(g·kg⁻¹)	全钾 /(g·kg⁻¹)	碱解氮 /(mg·kg⁻¹)	有效磷 /(mg·kg⁻¹)	速效钾 /(mg·kg⁻¹)	CEC [cmol(+)/kg]
0～< 20	8.08	27.40	1.77	1.09	16.12	127.00	27.4	307	17.3
20～< 40	8.17	22.10	1.61	1.06	18.61	98.00	14.9	300	10.7
40～60	8.32	9.02	0.75	0.97	19.35	43.00	3.5	116	12.4

10.7 攀枝花仁和区平地镇棕紫泥土

根据中国土壤发生分类系统,该剖面土壤属于紫色土,亚类为石灰性紫色土,土属为棕紫泥土。

中国土壤系统分类:普通铁质干润雏形土。

美国土壤系统分类:典型简育干润始成土 (Typic Haplustepts)。

世界土壤资源参比基础:艳色薄层雏形土 (Chromic Leptic Cambisols)。

调查采样时间:2021 年 1 月 12 日。

● 位置与环境条件

调查地位于攀枝花市仁和区平地镇平地社区(图10-17),101.796 848 3° E、

26.260 02° N，海拔 1 880 m，南亚热带半干旱气候，年均温 20.3℃，年均降水量 765.5 mm，年均蒸散量 1 328.5 mm，干燥度 1.74，成土母质为二叠系船山统普登岩群片岩（schPt₁）、片麻岩（γo Pt₁）或角闪岩（ψo Pt₁）的残坡积物，旱地。

● 诊断层与诊断特征

调查地的石灰性紫色土由紫色岩残坡积物发育而来，土壤 pH 值大于 7.5，碳酸钙含量大于 3%，具有岩性土的特点，经过强烈的物理风化过程，成土时间短，化学风化微弱，发育进程慢。该类紫色土盐基物质淋移较少，土壤风化度较低，仍明显保持了母岩特性。棕紫泥土土属的母质是砂页岩或灰岩风化物，母岩为湖相沉积。诊断特征包括土体呈棕紫色、母质中有灰岩碎屑、土壤 pH 值呈碱性、土体砾石含量高等。见图 10-18。

● 利用性能简评

土体浅薄，耕层厚度约 15 cm，含有较多砾石，结构松散，通透性好。土壤呈碱性，有机质积累少，氮素含量缺乏，磷、钾丰富，土壤保肥供肥力中等，植烟时应增施有机肥，深耕培土，加速土壤熟化，做好配方施肥，合理轮作。

攀枝花仁和区平地镇棕紫泥土具体情况见表 10-13、表 10-14。

图10-17　攀枝花市仁和区平地镇平地社区植烟土地景观

Ap：0～＜15 cm，红棕色（2.5YR 5/4），砂壤土，团块状结构，疏松，有大量植物残体。

Bw：15～＜30 cm，红棕色（5YR 5/4），砂壤土，小块状结构，疏松，有大量根系。

C：30～60 cm，红棕色（5YR 5/4），半风化体。

图10-18　棕紫泥土剖面结构

表10-13 攀枝花仁和区平地镇棕紫泥土物理性状

土层厚度/cm	机械组成 /%				质地	容重/(g·cm⁻³)
	黏粒 <0.002 mm	细粉粒 0.002~<0.02 mm	粗粉粒 0.02~<0.05 mm	砂粒 0.05~2.0 mm		
0~<20	7.46	11.90	10.28	70.36	砂壤土	0.94
20~40	10.28	8.47	12.70	68.55	砂壤土	1.22

表10-14 攀枝花仁和区平地镇棕紫泥土养分与化学性质

土层厚度/cm	pH值	有机质/(g·kg⁻¹)	全氮/(g·kg⁻¹)	全磷/(g·kg⁻¹)	全钾/(g·kg⁻¹)	碱解氮/(mg·kg⁻¹)	有效磷/(mg·kg⁻¹)	速效钾/(mg·kg⁻¹)	CEC[cmol(+)/kg]
0~<20	7.47	17.60	0.95	1.19	9.11	84	65.0	606	19.3
20~40	8.08	4.26	0.43	0.52	24.31	36	8.6	76	3.3

10.8 凉山州会理市内东乡黄红紫泥土

根据中国土壤发生分类系统，该剖面土壤属于紫色土，亚类为石灰性紫色土，土属为黄红紫泥土。

中国土壤系统分类：红色铁质湿润雏形土。

美国土壤系统分类：典型饱和湿润始成土 (Typic Eutrudepts)。

世界土壤资源参比基础：饱和艳色雏形土 (Eutric Chromic Cambisols)。

调查采样时间：2021 年 3 月 5 日。

● 位置与环境条件

调查地位于凉山州会理市内东乡团山村（图 10-19），102.385 554 83° E、26.698 630 48° N，海拔 1 999 m，（中）北亚热带湿润气候，年均温 15.1℃，年均降水量 1 130.9 mm，年均蒸散量 1 112.5 mm，干燥度 1.0，成土母质为白垩系下统小坝组（K₁xb）紫红色粉砂岩夹泥灰岩残坡积物，旱地。

● **诊断层与诊断特征**

调查地土壤由紫色岩残坡积物发育而来，土壤 pH 值大于 7.5，碳酸钙含量大于 3%。紫色土具有岩性土的特点，经过强烈的物理风化过程，从母岩→母质→土壤的成土时间短，化学风化微弱，发育进程慢。该类紫色土盐基物质淋移较少，土壤风化度较低，仍明显保持了母岩特性。黄红紫泥土是河流相沉积物，诊断特征包括土壤砂性重、土壤胀缩性小、紫色粉砂岩母质、土壤 pH 值呈碱性等。见图 10-20。

● **利用性能简评**

土体深厚，耕层厚度约 20 cm，质地适中，土壤耕性和通透性一般。土壤呈中性至弱碱性，有机质积累少，氮素含量缺乏，有效磷含量丰富，速效钾含量中等，土壤保肥性能一般，植烟时需补充优质有机肥，促进土壤团粒结构形成，平衡施肥，补充氮、钾肥。

凉山州会理市内东乡黄红紫泥土具体情况见表 10-15、表 10-16。

10-19　凉山州会理市内东乡团山村植烟土地景观

Ap: 0～＜20 cm, 暗红褐色(5YR 4/2), 壤土, 小块状结构, 稍紧实, 有较多根系。

Bw1: 20～＜50 cm, 红棕色(5YR 5/3), 壤土, 小块状结构, 稍紧实, 根系渐少。

Bw2: 50～105 cm, 红棕色(5YR 5/4), 壤土, 粒状结构, 紧实。

图10-20　黄红紫泥土剖面结构

表10-15　凉山州会理市内东乡黄红紫泥土物理性状

| 土层厚度/cm | 机械组成 /% | | | | 质地 | 容重/(g·cm⁻³) |
	黏粒 < 0.002 mm	细粉粒 0.002~< 0.02 mm	粗粉粒 0.02~< 0.05 mm	砂粒 0.05~2.0 mm		
0~< 20	9.88	21.37	20.56	48.19	壤土	1.13
20~< 40	11.09	22.58	21.17	45.16	壤土	1.45
40~60	13.71	18.35	20.56	47.38	壤土	1.45

表10-16　凉山州会理市内东乡黄红紫泥土养分与化学性质

土层厚度/cm	pH 值	有机质/(g·kg⁻¹)	全氮/(g·kg⁻¹)	全磷/(g·kg⁻¹)	全钾/(g·kg⁻¹)	碱解氮/(mg·kg⁻¹)	有效磷/(mg·kg⁻¹)	速效钾/(mg·kg⁻¹)	CEC[cmol(+)/kg]
0~< 20	7.86	18.70	1.16	0.66	19.94	85	23.7	139	17.5
20~< 40	7.91	14.50	0.98	0.67	19.08	71	14.1	91	6.9
40~60	7.80	15.70	1.05	0.63	18.77	106	10.4	130	9.7

10.9　广元市剑阁县普安镇黄红紫泥土

根据中国土壤发生分类系统，该剖面土壤属于紫色土，亚类为石灰性紫色土，土属为黄红紫泥土。

中国土壤系统分类：红色铁质湿润雏形土。

美国土壤系统分类：典型饱和湿润始成土 (Typic Eutrudepts)。

世界土壤资源参比基础：饱和艳色雏形土 (Eutric Chromic Cambisols)。

调查采样时间：2020 年 11 月 1 日。

● 位置与环境条件

调查地位于广元市剑阁县普安镇光荣村（图 10-21、图 10-22），105.493 611 1° E、

32.003 611 11° N，海拔 635 m，北亚热带湿润气候，年均温 14.9 ℃，年均降水量 1 084.5 mm，年均蒸散量 837.7 mm，干燥度 0.8，成土母质为白垩系上统剑阁组（K_2jg）泥岩、粉砂岩残坡积物，旱地。

● **诊断层与诊断特征**

调查地土壤由紫色岩残坡积物发育而来，土壤 pH 值大于 7.5，碳酸钙含量大于 3%。紫色土具有岩性土的特点，经过强烈的物理风化过程，从母岩→母质→土壤的成土时间短，化学风化微弱，发育进程慢。该类紫色土盐基物质淋移较少，土壤风化度较低，仍明显保持了母岩特性。黄红紫泥土是河流相沉积物。诊断特征包括土壤砂性重、土壤胀缩性小、紫色粉砂岩母质、土壤 pH 值呈碱性等。见图 10-23。

● **利用性能简评**

物理风化强烈，化学风化微弱，盐基物质淋溶迁移较少，土壤呈碱性，土体浅薄，块状砾石偏多，水土流失严重，保肥能力一般，氮素含量缺乏，磷、钾含量中等，植烟时应当增施肥料，合理垦殖，增加土层厚度，保墒防旱。

广元市剑阁县普安镇黄红紫泥土具体情况见表 10-17、表 10-18。

图10-21　广元市剑阁县普安镇光荣村植烟区地形地貌特征

图10-22　广元市剑阁县普安镇光荣村植烟土地景观

Ap: 0～＜40 cm, 亮红棕色（5YR 6/4）, 壤土, 小块状结构, 稍紧实, 有较多根系。

Bw: 40～105 cm, 黄红色（5YR 7/6）, 壤土, 粒状结构, 紧实。

图10-23 黄红紫泥土剖面结构

表10-17 广元市剑阁县普安镇黄红紫泥土物理性状

| 土层厚度/cm | 机械组成 /% | | | | 质地 | 容重/(g·cm⁻³) |
	黏粒< 0.002 mm	细粉粒0.002～< 0.02 mm	粗粉粒0.02～< 0.05 mm	砂粒0.05～2.0 mm		
0～< 20	11.09	21.98	21.98	44.96	壤土	1.37
20～< 40	12.70	21.98	26.01	39.31	壤土	1.29
40～60	9.07	23.39	25.20	42.34	壤土	1.53

表10-18 广元市剑阁县普安镇黄红紫泥土养分与化学性质

土层厚度/cm	pH 值	有机质/(g·kg⁻¹)	全氮/(g·kg⁻¹)	全磷/(g·kg⁻¹)	全钾/(g·kg⁻¹)	碱解氮/(mg·kg⁻¹)	有效磷/(mg·kg⁻¹)	速效钾/(mg·kg⁻¹)	CEC[cmol(+)/kg]
0～< 20	8.12	16.70	1.26	0.64	20.61	86	15.0	126	15.8
20～< 40	8.10	14.40	1.13	0.64	18.82	71	5.9	85	2.2
40～60	8.38	7.03	0.65	0.47	20.87	39	3.3	59	2.3

_11_
▼

沼泽土

凉山州冕宁县高扬镇冲洪积泥炭沼泽土

根据中国土壤发生分类系统，该剖面土壤属于沼泽土，亚类为泥炭沼泽土，土属为冲洪积泥炭沼泽土。

中国土壤系统分类：水耕暗色潮湿雏形土。

美国土壤系统分类：典型地下水潮湿始成土 (Typic Endoaquepts)。

世界土壤资源参比基础：不饱和水耕滞水土 (Dystric Hydragric Stagnosols)。

调查采样时间：2020 年 12 月 18 日。

● 位置与环境条件

调查地位于凉山州冕宁县高扬镇大石板村（图 11-1、图 11-2），102.128 233° E、28.523 136 26° N，海拔 1 786 m，中亚热带/暖温带湿润气候，年均温 14.1℃，年均降水量 1 074.9 mm，年均蒸散量 1 063.1 mm，干燥度 1.0，成土母质为第四系洪积物（Q^{pl}），水田。

● 诊断层与诊断特征

调查地土壤是在长期积水和湿生沼泽植被条件下形成的，具有强烈有机质积累和还原（潜育）特征，成土过程主要是潜育化和有机质积累过程，还伴有泥炭化过程。诊断层包括潜育层和泥炭层。诊断特征包括土壤长期积水、土壤通气不良、土体呈暗棕色或黑棕色、土体由草根和植物残体以泥炭形态呈厚片状堆积、潜育化特征等。见图 11-3。

● 利用性能简评

土体深厚，耕层厚度约 30 cm，粗砂粒含量高，土壤为轻壤。土壤呈酸性，土体中有机质和氮含量丰富，但磷、钾稍低，且由于土体水分偏多，易产生还原性有害物质，植烟时应注意开沟排水，减少铵态氮肥、含硫肥料的施用。

图11-1 凉山州冕宁县高扬镇大石板村植烟区地形地貌特征

图11-2 凉山州冕宁县高扬镇大石板村植烟土地景观

Ap1：0～＜20 cm，暗灰棕色（5YR 4/2），砂壤土，松散－稍坚实，小块状结构，根多。

Ap2：20～＜32 cm，暗灰色（5YR 4/1），砂壤土，松散－稍坚实，小块状结构，有部分根系。

Br：32～＜40 cm，暗棕色（5YR 3/2），砂壤土，稍坚实，块状结构，有较多砾石。

O：40～＜80 cm，黑棕色（7.5YR 2/2），砂壤土，有积水，土壤颗粒较细，有较多腐烂有机质碎屑。

Cr：80～100 cm，浅棕色（10YR 6/3），砂壤土，紧实，多粗砂质。

图11-3　冲洪积泥炭沼泽土剖面结构

凉山州冕宁县高扬镇冲洪积泥炭沼泽土具体情况见表11-1、表11-2。

表11-1 凉山州冕宁县高扬镇冲洪积泥炭沼泽土物理性状

土层厚度/cm	机械组成 /%				质地	容重/(g·cm⁻³)
	黏粒 < 0.002 mm	细粉粒 0.002～< 0.02 mm	粗粉粒 0.02～< 0.05 mm	砂粒 0.05～2.0 mm		
0～< 20	3.43	10.48	14.11	71.98	壤沙土	0.62
20～< 40	8.67	6.85	17.94	66.53	砂壤土	1.01
40～60	9.68	5.44	16.73	68.15	砂壤土	0.41

表11-2 凉山州冕宁县高扬镇冲洪积泥炭沼泽土养分与化学性质

土层厚度/cm	pH值	有机质/(g·kg⁻¹)	全氮/(g·kg⁻¹)	全磷/(g·kg⁻¹)	全钾/(g·kg⁻¹)	碱解氮/(mg·kg⁻¹)	有效磷/(mg·kg⁻¹)	速效钾/(mg·kg⁻¹)	CEC[cmol(+)/kg]
0～< 20	5.40	68.20	3.00	0.55	24.54	287	21.2	38	11.8
20～< 40	5.32	63.20	2.85	0.19	24.78	208	13.2	24	22.3
40～60	5.44	282.00	8.23	0.80	11.54	490	29.8	31	16.5

12

泥 炭 土

凉山州越西县保安乡河湖积泥炭土

根据中国土壤发生分类系统，该剖面土壤属于泥炭土，亚类为低位泥炭土，土属为河湖积泥炭土。

中国土壤系统分类：普通简育正常潜育土。

美国土壤系统分类：典型地下水潮湿始成土 (Typic Endoaquepts)。

世界土壤资源参比基础：饱和还原潜育土 (Eutric Reductic Gleysols)。

调查采样时间：2021 年 3 月 29 日。

● **位置与环境条件**

调查地位于凉山州越西县保安乡平原村（图 12−1、图 12−2），102.567 400 1° E、28.767 823 47° N，海拔 1 969 m，暖温带湿润气候，年均温 13.3℃，年均降水量 1 113.3 mm，年均蒸散量 893.5 mm，干燥度 0.8，成土母质为第四系全新统残坡积物（Qh^{el}），水田。

● **诊断层与诊断特征**

调查地地形部位低洼，且地下水位高，长期水分饱和，土体中下部处于嫌气状态，大量未经充分分解的植物残体累积，形成厚度超过 50 cm 的泥炭层（有机层）。成土过程主要是泥炭化和潜育化过程。诊断层有泥炭层、潜育层。诊断特征包括土体呈灰棕或暗棕色、土壤呈酸性、土壤氧化还原电位（Eh）呈还原性、有机质含量高等。见图 12−3。

● **利用性能简评**

土体深厚，耕层厚度约 25 cm，土壤为轻壤，耕层通透性较好。土壤呈弱酸性，有机质和氮、磷养分丰富，速效钾含量中等偏少，土壤保肥性能较好，但因下层土体长期处于还原状态，可能产生有毒物质影响根系生长，植烟时需注意开沟排水，实行水旱轮作。

图12-1　凉山州越西县保安乡平原村植烟区地形地貌特征

图12-2　凉山州越西县保安乡平原村植烟土地景观

Ap1: 0～<15 cm, 浅灰色（2.5Y 7/1）, 砂壤土, 团块状结构, 疏松, 有大量根系。

Ap2: 15～<25 cm, 暗灰棕色（2.5Y 4/2）, 砂壤土, 细粒状结构, 紧实, 结构面有较多锈斑纹。

E: 25～<40 cm, 黑色（5Y 2.5/1）, 壤土, 细粒状结构, 紧实, 结构面有较多锈斑纹。

Cg1: 40～<55 cm, 黑色（5Y 2.5/1）, 壤土, 细粒状结构, 紧实, 结构面有较多锈斑纹。

Cg2: 55～110 cm, 黑色（5Y 2.5/1）, 无结构, 有较多腐烂根系残体和岩石碎屑。

图12-3　河湖积泥炭土剖面结构

凉山州越西县保安乡河湖积泥炭土具体情况见表 12-1、表 12-2。

表12-1　凉山州越西县保安乡河湖积泥炭土物理性状

| 土层厚度/cm | 机械组成 /% | | | | 质地 | 容重/(g·cm⁻³) |
	黏粒 ＜ 0.002 mm	细粉粒 0.002～＜ 0.02 mm	粗粉粒 0.02～＜ 0.05 mm	砂粒 0.05～2.0 mm		
0～＜ 20	7.66	18.35	16.94	57.06	砂壤土	0.71
20～＜ 40	8.67	22.18	16.53	52.62	砂壤土	1.36
40～60	14.92	19.15	19.35	46.57	壤土	0.90

表12-2　凉山州越西县保安乡河湖积泥炭土养分与化学性质

土层厚度/cm	pH 值	有机质/(g·kg⁻¹)	全氮/(g·kg⁻¹)	全磷/(g·kg⁻¹)	全钾/(g·kg⁻¹)	碱解氮/(mg·kg⁻¹)	有效磷/(mg·kg⁻¹)	速效钾/(mg·kg⁻¹)	CEC[cmol(+)/kg]
0～＜ 20	6.69	73.30	3.13	0.86	29.12	249	32.8	106	19.7
20～＜ 40	7.05	35.10	1.84	0.51	31.63	155	13.8	96	8.4
40～60	5.29	53.60	2.39	0.48	32.94	184	3.9	45	2.1

13

水 稲 土

13.1 德阳市什邡市师古镇潴育灰潮田

根据中国土壤发生分类系统，该剖面土壤属于水稻土，亚类为潴育水稻土，土属为潴育灰潮田。

中国土壤系统分类：普通简育水耕人为土。

美国土壤系统分类：典型地下水潮湿始成土 (Typic Endoaquepts)。

世界土壤资源参比基础：水耕人为土 (Hydragric Ahthrosols)。

调查采样时间：2020 年 11 月 4 日。

● **位置与环境条件**

调查地位于德阳市什邡市师古镇大泉坑村（图 13-1、图 13-2），104.089 012 30° E、31.179 411 85° N，海拔 551 m，北亚热带湿润气候，年均温 15.9℃，年均降水量 983.7 mm，年均蒸散量 715.4 mm，干燥度 0.7，成土母质为第四系全新统冲积物（Q_4^{al}），水田。

● **诊断层与诊断特征**

调查地的土壤是在植稻或以植稻为主的耕作制度下，经长期水耕熟化而形成的，具有水耕表层和水耕氧化还原层，母质系近代河流冲积物，成土过程主要是水耕熟化和氧化还原过程。诊断层包括水耕表层、水耕氧化还原层。诊断特征包括：人为滞水土壤水分状况；潴育层具有铁锰叠加分布的特征，常呈现"黄斑"特点；结构面上可见灰色胶膜；耕作层中常见"鳝血斑"。见图 13-3。

● **利用性能简评**

土体较厚，耕层偏浅，土体厚度约 20 cm，质地适中，耕性和通透性较好。土体呈微酸性，有机质含量中等，速效矿质养分丰富，但保肥性较弱，植烟时需注意增施有机肥，合理轮作，实行用地与养地结合，培肥地力。

德阳市什邡市师古镇潴育灰潮田具体情况见表 13-1、表 13-2。

图13-1　德阳市什邡市师古镇大泉坑村植烟区地形地貌特征

图13-2　德阳市什邡市师古镇大泉坑村植烟土地景观

Ap1: 0~<14 cm, 浊黄棕色(10YR 5/3), 壤土, 粒状－小块状结构, 松散, 稍坚实, 有锈斑纹。

Ap2: 14~<20 cm, 浊黄橙色(10YR 6/3), 壤土, 中块状结构, 坚实, 有锈斑纹。

Br1: 20~<65 cm, 亮黄棕色(10YR 7/6), 砂壤土, 角块状结构, 坚实, 土体中有灰色腐殖质－粉砂－黏粒胶膜和锈斑纹, 向下层平滑清晰过渡。

Br2: 65~<100 cm, 亮黄棕色(10YR 7/6), 砂壤土, 角块状结构, 土体中有灰色腐殖质－粉砂－黏粒胶膜, 结构面多锈斑纹和铁锰结核。

Br3: 100~120 cm, 浊黄棕色(10YR 5/3), 砂壤土, 中棱块状结构, 坚实, 夹杂大块岩石。

图13-3 潴育灰潮田剖面结构

表13-1 德阳市什邡市师古镇潴育灰潮田物理性状

| 土层厚度/cm | 机械组成 /% | | | | 质地 | 容重/(g·cm⁻³) |
	黏粒 ＜0.002 mm	细粉粒 0.002～＜0.02 mm	粗粉粒 0.02～＜0.05 mm	砂粒 0.05～2.0 mm		
0～＜20	13.10	18.55	20.36	47.98	壤土	1.15
20～＜40	12.10	17.74	22.98	47.18	壤土	1.46
40～60	10.89	17.74	19.15	52.22	砂壤土	1.12

表13-2 德阳市什邡市师古镇潴育灰潮田养分与化学性质

土层厚度/cm	pH值	有机质/(g·kg⁻¹)	全氮/(g·kg⁻¹)	全磷/(g·kg⁻¹)	全钾/(g·kg⁻¹)	碱解氮/(mg·kg⁻¹)	有效磷/(mg·kg⁻¹)	速效钾/(mg·kg⁻¹)	CEC[cmol(+)/kg]
0～＜20	5.70	28.90	1.50	1.22	15.48	145	56.1	287	11.1
20～＜40	6.35	16.40	0.92	0.61	17.95	67	11.7	100	8.7
40～60	6.53	20.00	0.99	0.59	16.40	86	12.6	50	6.7

13.2 凉山州冕宁县丰禾村渗育灰棕潮田

根据中国土壤发生分类系统，该剖面土壤土类为水稻土，亚类为渗育水稻土，土属为渗育灰棕潮田。

中国土壤系统分类：漂白铁聚水耕人为土。

美国土壤系统分类：典型地下水潮湿始成土 (Typic Endoaquepts)。

世界土壤资源参比基础：水耕人为土 (Hydragric Ahthrosols)。

调查采样时间：2020 年 12 月 17 日。

● 位置与环境条件

调查地位于凉山州冕宁县丰禾村（图 13-4、图 13-5），102.100 172 1° E、28.486 848 7° N，

海拔 1 844 m，中亚热带／暖温带湿润气候，年均温 14.1℃，年均降水量 1 074.9 mm，年均蒸散量 1 063.1 mm，干燥度 1.0，成土母质为第四系洪积物（Q^{pl}），水田。

● **诊断层与诊断特征**

调查地所处区域地下水位低，对成土过程影响较小，主要受季节性下渗水的影响，土体内水分以单向下渗淋溶为主，耕作层中铁、锰已发生明显的下移并淀积在犁底层以下土层中，处于淹育水稻土向潴育水稻土发育的过渡过程。诊断层包括水耕表层、漂白层、水耕氧化还原层。诊断特征包括：人为滞水土壤水分状况；母质为灰棕冲积物；渗育层具有斑点状铁、锰分层淀积的特征，结构面上可见灰色胶膜或锈色斑纹。见图13-6。

● **利用性能简评及培肥要点**

土体深厚，耕层厚度适中，土壤质地为砂壤土，耕性和通透性尚可。土体呈弱酸性，有机质含量中等偏上，氮、磷含量较丰富，但土壤中速效钾含量很缺乏，土体保肥供肥能力偏弱，植烟时应适当增施腐熟的有机肥，改善土壤团粒结构，增强土壤保肥供肥性能，并补充钾素，平衡施肥。

凉山州冕宁县丰禾村渗育灰棕潮田具体情况见表13-3、表13-4。

图13-4　凉山州冕宁县丰禾村植烟区地形地貌特征

图13-5 凉山州冕宁县丰禾村植烟土地景观

Ap1：0～＜20 cm，灰黄棕色 (10YR 6/2)，砂壤土，小块状结构，稍坚实，有多量锈斑纹。

Ap2：20～＜30 cm，灰黄棕色 (10YR 6/2)，砂壤土，粒块状结构，坚实，有多量锈斑纹。

Er1：30～＜50 cm，浊黄橙色 (10YR 7/3)，砂壤土，中等发育的大角块状结构，坚实，有多量锈斑纹，结构体表面有中量灰色腐殖质－粉砂－黏粒胶膜。

Er2：50～＜90 cm，浊黄橙色 (10YR 7/3)，砂壤土，中等发育的大角块状结构，坚实，有多量锈斑纹，结构体表面有少量灰色腐殖质－粉砂－黏粒胶膜，有铁锰结核。

Br：90～125 cm，棕色 (10YR 4/4)，砂壤土，中等发育的大角块状结构，稍坚实，有中量锈斑纹，结构体表面有少量灰色腐殖质－粉砂－黏粒胶膜，有铁锰结核。

图13-6　渗育灰棕潮田剖面结构

表13-3　凉山州冕宁县丰禾村渗育灰棕潮田物理性状

土层厚度/cm	机械组成 /%				质地	容重/(g·cm⁻³)
	黏粒 ＜0.002 mm	细粉粒 0.002～＜0.02 mm	粗粉粒 0.02～＜0.05 mm	砂粒 0.05～2.0 mm		
0～＜20	9.07	23.39	10.28	57.26	砂壤土	1.16
20～＜40	11.49	22.58	9.07	56.85	砂壤土	1.30
40～60	12.70	22.78	11.69	52.82	砂壤土	1.48

表13-4　凉山州冕宁县丰禾村渗育灰棕潮田养分与化学性质

土层厚度/cm	pH 值	有机质/(g·kg⁻¹)	全氮/(g·kg⁻¹)	全磷/(g·kg⁻¹)	全钾/(g·kg⁻¹)	碱解氮/(mg·kg⁻¹)	有效磷/(mg·kg⁻¹)	速效钾/(mg·kg⁻¹)	CEC[cmol(+)/kg]
0～＜20	5.35	30.50	1.74	1.37	20.49	174	156.5	46	9.7
20～＜40	5.73	21.70	1.37	0.94	20.41	124	55.8	54	14.8
40～60	6.04	4.71	0.30	0.52	24.82	32	6.8	42	20.0

13.3　凉山州越西县越城镇渗育灰棕潮田

根据中国土壤发生分类系统，该剖面土壤土类为水稻土，亚类为渗育水稻土，土属为渗育灰棕潮田。

中国土壤系统分类：普通简育水耕人为土。

美国土壤系统分类：典型地下水潮湿始成土 (Typic Endoaquepts)。

世界土壤资源参比基础：水耕人为土 (Hydragric Ahthrosols)。

调查采样时间：2021 年 3 月 26 日。

● 位置与环境条件

调查地位于凉山州越西县越城镇新普村（图 13-7、图 13-8），102.522 274 22° E、

28.643 972 63° N，海拔 1 628 m，暖温带湿润气候，年均温 13.3℃，年均降水量 1 113.3 mm，年均蒸散量 893.5 mm，干燥度 0.8，成土母质为第四系洪积物（Q^{pl}），水田。

● **诊断层与诊断特征**

调查地所处区域水利条件较好，地下水位低，对成土过程影响较小，主要受季节性下渗水的影响，土体内水分以由上至下单向下渗淋溶为主，耕作层中铁、锰已发生明显的下移并淀积在犁底层以下土层中，处于淹育水稻土向潴育水稻土发育的过渡过程。诊断层包括水耕表层、水耕氧化还原层。诊断特征包括：人为滞水土壤水分状况；母质为灰棕冲积物；渗育层具有斑点状铁锰分层淀积的特征，结构面上可见灰色胶膜或锈色斑纹。见图 13-9。

● **利用性能简评**

所处区域地势平坦，灌溉方便，适于机械化作业，土体深厚。质地适中，土壤呈酸性，有机质含量中等，氮素含量丰富，有效磷缺乏，速效钾含量中等偏少，保肥力弱。植烟时应提倡秸秆还田，适度控制有机肥的施用，增施磷、钾肥。

凉山州越西县越城镇渗育灰棕潮田具体情况见表 13-5、表 13-6。

图13-7 凉山州越西县越城镇新普村植烟区地形地貌特征

图13-8　凉山州越西县越城镇新普村植烟土地景观

Ap1：0～＜20 cm，灰黄棕色 (10YR6/2，干)，黑棕色 (10YR2/2，润)，砂壤土，角块状结构，稍坚实，有多量锈斑纹，植物根系较多。

Ap2：20～＜30 cm，灰黄棕色 (10YR6/2，干)，黑棕色 (10YR3/1，润)，壤土，角块状结构，坚实，有多量锈斑纹，根系渐少。

Br1：30～＜50 cm，浊黄橙色 (10YR7/3，干)，浊黄棕色 (10YR4/3，润)，壤土，棱柱状结构，坚实，有多量锈斑纹，结构体表面有中量灰色腐殖质－粉砂－黏粒胶膜。

Br2：50～＜100 cm，浊黄橙色 (10YR7/3，干)，浊黄棕色 (10YR4/3，润)，壤土，棱柱状结构。坚实，有多量锈斑纹，结构体表面有少量灰色腐殖质－粉砂－黏粒胶膜。

Br3：100～110 cm，浊黄橙色 (10YR7/3，干)，棕色 (10YR4/4，润)，壤土，棱柱状结构，稍坚实。有中量锈斑纹，构体表面有少量灰色腐殖质－粉砂－黏粒胶膜。

图13-9　渗育灰棕潮田剖面结构

表13-5 凉山州越西县越城镇渗育灰棕潮田物理性状

土层厚度 /cm	机械组成 /%				质地	容重 /(g·cm⁻³)
	黏粒 < 0.002 mm	细粉粒 0.002～< 0.02 mm	粗粉粒 0.02～< 0.05 mm	砂粒 0.05～2.0 mm		
0～< 20	12.90	18.75	16.13	52.22	砂壤土	1.04
20～< 40	12.50	20.16	16.73	50.60	壤土	1.24
40～60	15.12	21.57	15.93	47.38	壤土	1.53

表13-6 凉山州越西县越城镇渗育灰棕潮田养分与化学性质

土层厚度 /cm	pH 值	有机质 /(g·kg⁻¹)	全氮 /(g·kg⁻¹)	全磷 /(g·kg⁻¹)	全钾 /(g·kg⁻¹)	碱解氮 /(mg·kg⁻¹)	有效磷 /(mg·kg⁻¹)	速效钾 /(mg·kg⁻¹)	CEC [cmol(+)/kg]
0～< 20	6.43	24.90	1.81	0.48	17.90	135	9.9	109	9.7
20～< 40	6.09	38.40	2.52	0.56	19.41	181	12.3	70	4.2
40～60	6.99	21.20	1.67	0.38	18.06	71	5.3	44	5.6

13.4 宜宾市兴文县大坝镇渗育黄潮田

根据中国土壤发生分类系统，该剖面土壤属于水稻土，亚类为渗育水稻土，土属为渗育黄潮田。

中国土壤系统分类：普通简育水耕人为土。

美国土壤系统分类：人为潮湿饱和湿润始成土 (Anthraquic Eutrudepts)。

世界土壤资源参比基础：水耕人为土 (Hydragric Ahthrosols)。

调查采样时间：2021 年 1 月 22 日。

● 位置与环境条件

调查地位于宜宾市兴文县大坝镇（图 13-10、图 13-11），105.145 414 64° E、

28.122 154 8° N，海拔 443 m，中亚热带湿润气候，年均温 17.2℃，年均降水量 1 333 mm，年均蒸散量 716 mm，干燥度 0.54，成土母质为三叠系下统嘉陵江组（T$_1$j）灰岩、白云岩残坡积物，水田。

● **诊断层与诊断特征**

调查地所处区域地下水位低，对成土过程影响较小，主要受季节性下渗水的作用，土体内水分以单向下渗淋溶为主，耕作层中铁、锰已发生明显的下移并淀积在犁底层以下土层中，处于淹育水稻土向潴育水稻土发育的过渡过程。诊断层包括水耕表层、水耕氧化还原层。诊断特征包括：人为滞水土壤水分状况；母质为近代黄色冲积物或洪积物；渗育层具有斑点状铁锰分层淀积的特征，可见灰色胶膜或锈色斑纹。见图 13-12。

● **利用性能简评**

土体深厚，耕层适中，土层厚度约 30 cm，质地黏重，通透性不佳。土壤呈酸性，有机质含量中等，氮素含量丰富，有效磷含量很缺，速效钾含量缺乏，阳离子交换量低，保肥性能偏弱，植烟时需掺沙改黏，改良耕层土壤结构，增强透气透水性和保肥性，增施热性肥料，补充磷、钾肥。

宜宾市兴文县大坝镇渗育黄潮田具体情况见表 13-7、表 13-8。

图13-10　宜宾市兴文县大坝镇植烟区地形地貌特征

图13-11　宜宾市兴文县大坝镇植烟土地景观

Ap1: 0～＜18 cm, 棕色（10YR 5/3）, 砂壤土, 疏松, 结构体表面有锈斑纹, 土体中有大量根系。

Ap2: 18～＜30 cm, 棕色（10YR 5/3）, 砂壤土, 稍坚实, 结构体表面有锈斑纹。

Br1: 30～＜65 cm, 棕色（10YR 4/3）, 砂壤土, 角块状结构, 坚实, 有多量锈斑纹, 结构体表面有大量灰色腐殖质－粉砂－黏粒胶膜。

Br3: 65～105 cm, 暗黄棕色（10YR 4/6）, 砂壤土, 角块状结构, 坚实, 有中量锈斑纹, 结构体表面有灰色腐殖质－粉砂－黏粒胶膜。

图13-12 渗育黄潮田剖面结构

表13-7 宜宾市兴文县大坝镇渗育黄潮田物理性状

| 土层厚度/cm | 机械组成/% | | | | 质地 | 容重/(g·cm⁻³) |
	黏粒<0.002 mm	细粉粒 0.002~<0.02 mm	粗粉粒 0.02~<0.05 mm	砂粒 0.05~2.0 mm		
0~<20	7.66	17.54	15.93	58.87	砂壤土	1.58
20~<40	8.47	17.14	17.34	57.06	砂壤土	1.64
40~60	10.69	13.10	19.96	56.25	砂壤土	1.31

表13-8 宜宾市兴文县大坝镇渗育黄潮田养分与化学性质

土层厚度/cm	pH值	有机质/(g·kg⁻¹)	全氮/(g·kg⁻¹)	全磷/(g·kg⁻¹)	全钾/(g·kg⁻¹)	碱解氮/(mg·kg⁻¹)	有效磷/(mg·kg⁻¹)	速效钾/(mg·kg⁻¹)	CEC [cmol(+)/kg]
0~<20	5.21	23.30	1.28	0.74	27.83	126	4.3	68	10.8
20~<40	6.39	16.20	0.89	0.51	28.95	83	1.7	42	12.6
40~60	6.84	11.00	0.68	0.45	26.43	56	5.5	47	14.4

13.5 广元市剑阁县普安镇渗育钙质紫泥田

根据中国土壤发生分类系统，该剖面土壤属于水稻土，亚类为渗育水稻土，土属为渗育钙质紫泥田。

中国土壤系统分类：普通简育水耕人为土。

美国土壤系统分类：人为潮湿饱和湿润始成土 (Anthraquic Eutrudepts)。

世界土壤资源参比基础：水耕人为土 (Hydragric Ahthrosols)。

调查采样时间：2020 年 11 月 2 日。

● 位置与环境条件

调查地位于广元市剑阁县普安镇光荣村（图 13-13），105.493 611 1° E、32.003 611 11° N，

海拔 635 m，北亚热带湿润气候，年均温 14.9℃，年均降水量 1 084.5 mm，年均蒸散量 837.7 mm，干燥度 0.8，成土母质为白垩系上统剑阁组（K_2jg）泥岩、粉砂岩残坡积物，水田。

● **诊断层与诊断特征**

调查地所处区域水利条件较好，地下水位低，对成土过程影响较小，主要受季节性下渗水的作用，土体内水分以由上至下单向下渗淋溶为主，耕作层中铁、锰已发生明显的下移并淀积在犁底层以下土层中，处于淹育水稻土向潴育水稻土发育的过渡过程。诊断层包括水耕表层、水耕氧化还原层。诊断特征包括：人为滞水土壤水分状况；母质为富含碳酸钙的紫色沙泥岩风化物；渗育层具有斑点状铁锰分层淀积的特征，结构面上可见灰色胶膜或锈色斑纹，土体 50 cm 以下有较多碳酸盐颗粒，土体有强石灰反应。见图 13-14。

● **利用性能简评**

土体较深厚，耕层偏浅，土层厚度约 20 cm。土壤呈碱性，质地为壤土，强石灰反应，通透性差，有机质含量中等，矿质养分丰富，植烟时应增施有机肥，选用酸性肥料，开深沟排水，防止湿害。

广元市剑阁县普安镇渗育钙质紫泥田具体情况见表 13-9、表 13-10。

图13-13　广元市剑阁县普安镇光荣村植烟土地景观

Ap：0～＜20 cm，浅红棕色（5YR 5/3），壤土，团块状结构，稍紧实，土壤中有大量根系。

Bw1：20～＜55 cm，红棕色（2.5YR 5/4），壤土，粒状结构，紧实，根系渐少。

Bw2：55～100 cm，红棕色（2.5YR 5/4），壤土，粒状结构，紧实，可见大块岩石。

图13-14　渗育钙质紫泥田剖面结构

表13-9　广元市剑阁县普安镇渗育钙质紫泥田物理性状

土层厚度/cm	机械组成 /%				质地	容重/(g·cm⁻³)
	黏粒 <0.002 mm	细粉粒 0.002~<0.02 mm	粗粉粒 0.02~<0.05 mm	砂粒 0.05~2.0 mm		
0~<20	11.09	28.23	20.77	39.92	壤土	1.04
20~<40	13.51	27.82	18.55	40.12	壤土	1.15
40~60	12.30	25.40	20.56	41.73	壤土	1.33

表13-10　广元市剑阁县普安镇渗育钙质紫泥田养分与化学性质

土层厚度/cm	pH 值	有机质/(g·kg⁻¹)	全氮/(g·kg⁻¹)	全磷/(g·kg⁻¹)	全钾/(g·kg⁻¹)	碱解氮/(mg·kg⁻¹)	有效磷/(mg·kg⁻¹)	速效钾/(mg·kg⁻¹)	CEC[cmol(+)/kg]
0~<20	8.18	27.30	1.92	1.00	24.62	172	60.0	330	16.6
20~<40	8.37	11.30	0.96	0.59	23.26	55	8.0	66	8.6
40~60	8.25	22.80	1.72	0.72	24.39	112	21.3	131	6.5

13.6　达州市万源市大沙镇渗育酸紫泥田

根据中国土壤发生分类系统，该剖面土壤属于水稻土，亚类为渗育水稻土，土属为渗育酸紫泥田。

中国土壤系统分类：普通简育水耕人为土。

美国土壤系统分类：人为潮湿饱和湿润始成土 (Anthraquic Eutrudepts)。

世界土壤资源参比基础：水耕人为土 (Hydragric Ahthrosols)。

调查采样时间：2020 年 10 月 30 日。

● 位置与环境条件

调查地位于达州市万源市大沙镇龙井村（图 13-15、图 13-16），107.715 963 7° E、

31.859 634 7° N，海拔 715 m，北亚热带湿润气候，年均温 14.7 ℃，年均降水量 1 169.3 mm，年均蒸散量 842.2 mm，干燥度 0.7，成土母质为白垩系下统苍溪组（K_1c）沙泥岩残坡积物，水田。

● **诊断层与诊断特征**

调查地土壤主要受季节性下渗水的影响，土体内水分以由上至下单向下渗淋溶为主，耕作层中铁、锰已发生明显的下移并淀积在犁底层以下土层中，处于淹育水稻土向潴育水稻土发育的过渡过程。诊断层包括水耕表层、水耕氧化还原层。诊断特征包括：人为滞水土壤水分状况；母质为酸性紫色母岩风化物或盐基淋失的酸性紫色土；渗育层具有斑点状铁锰分层淀积的特征，结构面上可见灰色胶膜或锈色斑纹。见图 13-17。

● **利用性能简评**

所处区域降水丰富，土体潮湿，土壤呈酸性，土层较厚，无障碍层次，耕层质地为壤土。下层土壤较黏重，滞水明显。有机质含量缺乏，速效氮、磷含量丰富，速效钾含量中等偏少，土壤保肥性能弱，植烟时应注意开沟排水，重视施用有机肥和钾肥，针对性施用微肥，选择碱性肥料，并改善水利条件，进一步培肥熟化土壤。

达州市万源市大沙镇渗育酸紫泥田具体情况见表 13-11、表 13-12。

图13-15 达州市万源市大沙镇龙井村植烟区地形地貌特征

图13-16 达州市万源市大沙镇龙井村植烟土地景观

Ap1: 0～<20 cm, 暗棕红色 (2.5YR 5/4), 壤土, 小块状结构, 疏松, 有少量锈斑, 根多。

Ap2: 20～<32 cm, 暗棕红色 (2.5YR 5/3), 壤土, 块状结构, 紧实, 有少量锈纹斑, 根较多。

Br1: 32～<50 cm, 红棕色 (5YR 6/4), 壤土, 角块状结构, 有多量锈斑纹, 土体可见明显的灰色腐殖质－粉砂－黏粒胶膜和铁锰结核。

Br2: 50～120 cm, 暗红棕色 (5YR 5/4), 壤土, 角块状结构, 有中量锈斑纹, 结构体表面有较多灰色腐殖质－粉砂－黏粒胶膜和铁锰结核, 80 cm 以下土体镶嵌大块状砂岩。

图13-17 渗育酸紫泥田剖面结构

表13-11　达州市万源市大沙镇渗育酸紫泥田物理性状

| 土层厚度/cm | 机械组成 /% | | | | 质地 | 容重/(g·cm⁻³) |
	黏粒 < 0.002 mm	细粉粒 0.002～< 0.02 mm	粗粉粒 0.02～< 0.05 mm	砂粒 0.05～2.0 mm		
0～< 20	10.28	23.59	15.73	50.40	壤土	1.27
20～< 40	9.07	22.58	19.96	48.39	壤土	1.55
40～60	12.50	26.41	20.56	40.52	壤土	1.66

表13-12　达州市万源市大沙镇渗育酸紫泥田养分与化学性质

土层厚度/cm	pH 值	有机质/(g·kg⁻¹)	全氮/(g·kg⁻¹)	全磷/(g·kg⁻¹)	全钾/(g·kg⁻¹)	碱解氮/(mg·kg⁻¹)	有效磷/(mg·kg⁻¹)	速效钾/(mg·kg⁻¹)	CEC [cmol(+)/kg]
0～< 20	4.21	16.90	1.21	0.37	14.73	154	39.7	106	8.5
20～< 40	5.21	13.60	0.88	0.23	14.92	89	7.8	46	2.3
40～60	6.93	6.41	0.38	0.24	13.72	31	5.5	38	9.3

13.7　宜宾市屏山县中都镇渗育酸紫泥田

根据中国土壤发生分类系统，该剖面土壤属于水稻土，亚类为渗育水稻土，土属为渗育酸紫泥田。

中国土壤系统分类：普通简育水耕人为土。

美国土壤系统分类：人为潮湿饱和湿润始成土 (Anthraquic Eutrudepts)。

世界土壤资源参比基础：水耕人为土 (Hydragric Ahthrosols)。

调查采样时间：2020 年 12 月 8 日。

● 位置与环境条件

调查地位于宜宾市屏山县中都镇新权村（图 13-18），103.845 863 3° E、28.740 232 32° N，海拔 1 212 m，北亚热带（暖温带）湿润气候，年均温 15.0℃，年均降水量 1 066.1 mm，年均蒸散量 650.6 mm，干燥度 0.61，成土母质为三叠系下统嘉陵江组（T_1j）灰岩或白垩系嘉定群（Kj）砂岩夹泥岩的残坡积物，旱地。

● **诊断层与诊断特征**

调查地土壤主要受季节性下渗水的影响，土体内水分以由上至下单向下渗淋溶为主，耕作层中铁、锰已发生明显的下移并淀积在犁底层以下土层中，处于淹育水稻土向潴育水稻土发育的过渡过程。诊断层包括水耕表层、水耕氧化还原层。诊断特征包括：人为滞水土壤水分状况；母质为酸性紫色母岩风化物或盐基淋失的酸性紫色土；渗育层具有斑点状铁锰分层淀积的特征，结构面上可见灰色胶膜或锈色斑纹。见图 13-19。

● **利用性能简评**

土壤呈酸性，土层浅薄，无障碍层次，质地为砂壤土。有机质和速效氮、钾养分缺乏，有效磷含量很丰富，土壤保肥性能弱，植烟时应重视施用有机肥和氮、钾肥，针对性施用微肥，选择碱性肥料，并改善水利条件，进一步培肥熟化土壤。

宜宾市屏山县中都镇渗育酸紫泥田具体情况见表 13-13、表 13-14。

图13-18　宜宾市屏山县中都镇新权村植烟土地景观

Ap: 0～＜20 cm，淡红色（2.5YR 5/4），砂壤土，粒状结构，疏松－稍紧实，有大量根系。

Bw: 20～＜65 cm，淡红色（2.5YR 5/6），壤土－砂壤土，粒状结构，稍紧实。

C: 65～100 cm，红色（10R 4/6），砂壤土，粒状结构，紧实，夹杂大量大块状红色砂岩。

图13-19　渗育酸紫泥田剖面结构

表13-13　宜宾市屏山县中都镇渗育酸紫泥田物理性状

| 土层厚度/cm | 机械组成 /% | | | | 质地 | 容重/(g·cm⁻³) |
	黏粒<0.002 mm	细粉粒0.002～<0.02 mm	粗粉粒0.02～<0.05 mm	砂粒0.05～2.0 mm		
0～<20	9.48	18.35	15.12	57.06	砂壤土	1.35
20～<40	10.69	18.95	19.35	51.01	壤土	1.43
40～60	9.88	17.34	18.15	54.64	砂壤土	0.87

表13-14　宜宾市屏山县中都镇渗育酸紫泥田养分与化学性质

土层厚度/cm	pH 值	有机质/(g·kg⁻¹)	全氮/(g·kg⁻¹)	全磷/(g·kg⁻¹)	全钾/(g·kg⁻¹)	碱解氮/(mg·kg⁻¹)	有效磷/(mg·kg⁻¹)	速效钾/(mg·kg⁻¹)	CEC[cmol(+)/kg]
0～<20	5.33	15.20	0.92	0.69	12.05	85	124.1	49	9.6
20～<40	6.11	12.60	0.75	0.56	11.97	75	79.3	76	9.8
40～60	6.40	7.20	0.50	0.30	13.65	46	16.9	59	10.5

13.8　泸州市叙永县麻城镇渗育黄泥田

根据中国土壤发生分类系统，该剖面土壤属于水稻土，亚类为渗育水稻土，土属为渗育黄泥田。

中国土壤系统分类：普通简育水耕人为土。

美国土壤系统分类：人为潮湿饱和湿润始成土 (Anthraquic Eutrudepts)。

世界土壤资源参比基础：滞水水耕人为土 (Stagnic Hydragric Ahthrosols)。

调查采样时间：2021 年 1 月 23 日。

● 位置与环境条件

调查地位于泸州市叙永县麻城镇（图 13-20），105.647 081 93° E、27.922 647 63° N，

海拔 1 235 m，北亚热带湿润气候，年均温 18.0℃，年均降水量 1 172.6 mm，年均蒸散量 791.8 mm，干燥度 0.68，成土母质为寒武系中上统娄山关群（∈ol）白云岩残坡积物，水田。

● **诊断层与诊断特征**

调查地气候冷凉湿润，雾多，淋溶淀积作用明显，土壤黄化、酸化。受季节性下渗水的作用，土体内水分以由上至下单向下渗淋溶为主，耕作层中铁、锰已发生明显的下移并淀积在犁底层，处于淹育水稻土向潴育水稻土发育的过渡过程。诊断层包括水耕表层、水耕氧化还原层。诊断特征包括：人为滞水土壤水分状况，土体呈酸性，质地较黏，干时易板结，结构面有锈斑纹和铁锰结核。见图 13-21。

● **利用性能简评**

气候冷凉湿润，淋溶淀积作用较明显，土壤黄化、酸化，土壤中粉粒含量高，质地偏重。有机质和矿质养分含量丰富，吸收保蓄能力中等，植烟时应注意开沟排水，深耕炕土，增加耕层土壤通透性。

泸州市叙永县麻城镇渗育黄泥田具体情况见表 13-15、表 13-16。

图13-20　泸州市叙永县麻城镇植烟土地景观

Ap: 0～<20 cm, 浊黄橙色(5YR 5/3), 壤土, 团块状结构, 稍紧实, 有大量根系。

AB: 20～<35 cm, 浊黄橙色(5YR 5/3), 砂壤土, 粒块状结构, 紧实。

Br1: 35～<60 cm, 浊黄橙色(5YR 5/2), 壤土, 粒块状结构, 紧实, 有锈斑纹。

Br2: 60～<87 cm, 浊黄橙色(5YR 5/2), 壤土, 粒块状结构, 紧实, 结构面有锈斑纹和铁锰结核。

Br3: 87～100 cm, 黄色(5YR 6/6), 无结构, 烂泥, 有锈斑纹和铁锰结核。

图13-21 渗育黄泥田剖面结构

表13-15　泸州市叙永县麻城镇渗育黄泥田物理性状

| 土层厚度/cm | 机械组成 /% | | | | 质地 | 容重/(g·cm⁻³) |
	黏粒 ＜0.002 mm	细粉粒 0.002～＜0.02 mm	粗粉粒 0.02～＜0.05 mm	砂粒 0.05～2.0 mm		
0～＜20	10.28	20.36	20.97	48.39	壤土	1.45
20～＜40	9.68	20.36	15.73	54.23	砂壤土	1.26
40～60	11.09	19.35	19.15	50.40	壤土	1.03

表13-16　泸州市叙永县麻城镇渗育黄泥田养分与化学性质

土层厚度/cm	pH 值	有机质/(g·kg⁻¹)	全氮/(g·kg⁻¹)	全磷/(g·kg⁻¹)	全钾/(g·kg⁻¹)	碱解氮/(mg·kg⁻¹)	有效磷/(mg·kg⁻¹)	速效钾/(mg·kg⁻¹)	CEC[cmol(+)/kg]
0～＜20	6.85	31.20	1.71	1.39	19.02	139	106.8	501	14.2
20～＜40	7.43	30.80	1.85	1.00	17.26	135	18.9	165	6.7
40～60	6.87	32.30	1.73	0.99	16.60	148	17.4	85	6.7

13.9　凉山州德昌县昌州街道渗育红泥田

根据中国土壤发生分类系统，该剖面土壤属于水稻土，亚类为渗育水稻土，土属为渗育红泥田。

中国土壤系统分类：普通简育水耕人为土。

美国土壤系统分类：人为潮湿饱和湿润始成土 (Anthraquic Eutrudepts)。

世界土壤资源参比基础：滞水水耕人为土 (Stagnic Hydragric Ahthrosols)。

调查采样时间：2021 年 3 月 24 日。

● 位置与环境条件

调查地位于凉山州德昌县昌州街道王所村（图 13-22），102.171 793 06° E、

27.380 121 51° N，海拔 1 366 m，中亚热带（半）湿润气候，年均温 17.6℃，年均降水量 1 047.1 mm，年均蒸散量 1 383.4 mm，干燥度 1.3，成土母质为第四系洪积物（Q^{pl}），水田。

● 诊断层与诊断特征

调查地受季节性下渗水的影响，土体内水分以由上至下单向下渗淋溶为主，耕作层中铁、锰已发生明显的下移并淀积在犁底层，处于淹育水稻土向潴育水稻土发育的过渡过程。诊断层包括水耕表层、水耕氧化还原层。诊断特征包括人为滞水土壤水分状况，母质为红色黏土及各时期的灰岩、玄武岩风化物，耕层浅薄，质地黏重，耕性不良，土体有氧化铁淀积现象（铁聚特征），结构面有锈斑纹和铁锰结核。见图 13-23。

● 利用性能简评

土体深厚，耕层适中，土层厚度近 30 cm，粗砂和砾石含量偏高，质地较重，耕性不良。土壤呈酸性，有机质含量丰富，氮、磷养分含量较高，但速效钾含量缺乏，土壤保肥性能弱。植烟时需推行秸秆还田，培肥地力，改良土壤结构，平衡施肥，补充钾素。

凉山州德昌县昌州街道渗育红泥田具体情况见表 13-17、表 13-18。

图13-22　凉山州德昌县昌州街道王所村植烟土地景观

Ap1：0～<15 cm，浅灰色（5YR 7/1），砂壤土，团块状结构，疏松，有大量根系。

Ap2：15～<27 cm，浅灰色（5YR 7/1），砂壤土，小块状结构，稍紧实，根系渐少。

Br1：27～<40 cm，红棕色（5YR 4/4），砂壤土，角块状结构，紧实，结构面可见灰色腐殖质－粉砂－黏粒胶膜。

Br2：40～<80 cm，暗灰棕色（2.5YR 3/1），砂壤土，角块状结构，紧实，结构面可见灰色腐殖质－粉砂－黏粒胶膜，夹杂小块砾石。

Br3：80～110 cm，灰棕色（2.5YR 3/2），砂壤土，细粒状结构，紧实，结构面有灰色腐殖质－粉砂－黏粒胶膜，夹杂大量小块砾石。

图13-23　渗育红泥田剖面结构

表13-17　凉山州德昌县昌州街道渗育红泥田物理性状

| 土层厚度/cm | 机械组成/% | | | | 质地 | 容重/(g·cm⁻³) |
	黏粒<0.002 mm	细粉粒0.002～<0.02 mm	粗粉粒0.02～<0.05 mm	砂粒0.05～2.0 mm		
0～<20	5.24	11.90	8.67	74.19	砂壤土	1.24
20～<40	7.46	13.31	12.30	66.94	砂壤土	1.49
40～60	5.65	13.31	8.06	72.98	砂壤土	1.53

表13-18　凉山州德昌县昌州街道渗育红泥田养分与化学性质

土层厚度/cm	pH 值	有机质/(g·kg⁻¹)	全氮/(g·kg⁻¹)	全磷/(g·kg⁻¹)	全钾/(g·kg⁻¹)	碱解氮/(mg·kg⁻¹)	有效磷/(mg·kg⁻¹)	速效钾/(mg·kg⁻¹)	CEC[cmol(+)/kg]
0～<20	5.24	34.00	1.50	0.71	28.68	145	20.5	58	9.0
20～<40	6.21	19.60	0.94	0.52	27.39	87	8.4	56	12.2
40～60	6.53	6.67	0.47	0.51	24.80	42	5.4	59	10.8

13.10　德阳市什邡市南泉镇潜育潮田

根据中国土壤发生分类系统，该剖面土壤属于水稻土，亚类为潜育水稻土，土属为潜育潮田。

中国土壤系统分类：普通简育水耕人为土。

美国土壤系统分类：典型地下水潮湿始成土 (Typic Endoaquepts)。

世界土壤资源参比基础：滞水水耕人为土 (Stagnic Hydragric Ahthrosols)。

调查采样时间：2020 年 11 月 5 日。

● 位置与环境条件

调查地位于德阳市什邡市南泉镇金桂村（图 13-24、图 13-25），104.0779 929 2° E、

31.120 335 26° N，海拔 523 m，北亚热带湿润气候，年均温 15.9℃，年均降水量 983.7 mm，年均蒸散量 715.4 mm，干燥度 0.7，成土母质为第四系全新统冲积物（Q^{al}），水田。

● **诊断层与诊断特征**

调查地地表排水困难、地下水位较高，土体滞水明显、氧化还原电位较低、有明显的亚铁反应。由于土壤处于嫌气条件，有机质积累多。母质为近代河流洪冲积物，成土过程主要是水耕熟化、明显的潜育化和生物富集过程。诊断层包括水耕表层和水耕氧化还原层。诊断特征包括：人为滞水土壤水分状况，土壤剖面有代表性的潜育层，土壤氧化还原电位低，亚铁反应明显，土体软糊，土色呈青（蓝）灰色，部分土壤犁底层发育不明显，土体可见铁锰斑纹和铁锰结核。见图 13-26。

● **利用性能简评**

土体深厚，耕层适中，土层厚度约 30 cm。土壤呈酸性，土温低，有机质分解少，土壤中有机质丰富，土壤中矿质养分丰富，土壤保肥性能中等。植烟时应健全排灌渠道，增施热性有机肥。

德阳市什邡市南泉镇潜育潮田具体情况见表 13-19、表 13-20。

图13-24 德阳市什邡市南泉镇金桂村植烟区地形地貌特征

四川 植烟土壤
SICHUAN ZHIYAN TURANG

图13-25　德阳市什邡市南泉镇金桂村植烟土地景观

Ap1: 0～＜20 cm, 暗蓝灰色 (5PB 4/1), 砂壤土, 团块状结构, 稍紧实, 有锈斑纹, 有大量根系。

Ap2: 20～＜30 cm, 暗灰色 (10Y 4/1), 砂壤土, 小块状结构, 稍紧实, 有锈斑纹。

Br1: 30～＜70 cm, 暗灰色 (10YR 4/1), 壤土, 角块状结构, 紧实, 结构面有灰色腐殖质－粉砂－黏粒胶膜和锈斑纹。

Br2: 70～120 cm, 暗灰棕色 (10YR 4/2), 壤土, 角块状结构, 紧实, 结构面有灰色腐殖质－粉砂－黏粒胶膜和锈斑纹。

图13-26　潜育潮田剖面结构

表13-19 德阳市什邡市南泉镇潜育潮田物理性状

| 土层厚度/cm | 机械组成 /% | | | | 质地 | 容重/(g·cm⁻³) |
	黏粒 < 0.002 mm	细粉粒 0.002～< 0.02 mm	粗粉粒 0.02～< 0.05 mm	砂粒 0.05～2.0 mm		
0～< 20	9.68	15.32	18.95	56.05	砂壤土	1.19
20～< 40	9.88	17.54	17.94	54.64	砂壤土	1.34
40～60	13.51	19.35	15.12	52.02	壤土	1.31

表13-20 德阳市什邡市南泉镇潜育潮田养分与化学性质

土层厚度/cm	pH 值	有机质/(g·kg⁻¹)	全氮/(g·kg⁻¹)	全磷/(g·kg⁻¹)	全钾/(g·kg⁻¹)	碱解氮/(mg·kg⁻¹)	有效磷/(mg·kg⁻¹)	速效钾/(mg·kg⁻¹)	CEC[cmol(+)/kg]
0～< 20	5.53	34.40	2.24	1.12	15.54	193	49.2	169	15.0
20～< 40	6.75	10.50	0.67	0.39	16.05	42	7.2	54	2.3
40～60	7.00	10.90	0.61	0.50	17.99	35	5.8	45	4.6

13.11 宜宾市筠连县篙坝镇白鳝黄泥田

根据中国土壤发生分类系统，该剖面土壤属于水稻土，亚类为漂洗水稻土，土属为白鳝黄泥田。

中国土壤系统分类：漂白简育水耕人为土。

美国土壤系统分类：人为潮湿饱和湿润始成土 (Anthraquic Eutrudepts)。

世界土壤资源参比基础：水耕人为土 (Hydragric Ahthrosols)。

调查采样时间：2020 年 11 月 22 日。

● 位置与环境条件

调查地位于宜宾市筠连县篙坝镇龙盘村（图 13-27、图 13-28），104.571 666 7° E、

27.921 666 67° N，海拔 1 212 m，中亚热带湿润气候，年均温 17.5℃，年均降水量 1 221 mm，年均蒸散量 738.8 mm，干燥度 0.61，成土母质为二叠系下统栖霞组（P_1q）、梁山组（P_1l）灰岩的残坡积物，旱地。

● 诊断层与诊断特征

调查地所处地形既能滞水，又会发生水分缓慢下渗和侧渗，土体中铁、锰还原物质发生淋洗，黏粒迁移，犁底层以下有因发生还原离铁作用形成漂白层，母质为近代黄色黏土黄壤其他黄壤性母质，成土过程主要是水耕熟化、渍水还原离铁和黏粒淋失过程。诊断层包括水耕表层、漂白层和水耕氧化还原层。诊断特征包括：人为滞水土壤水分状况，土壤呈酸性、质地偏黏，漂白层呈灰白色或黄白色，土体有黏粒胶膜。见图 13-29。

● 利用性能简评

土体深厚，耕层厚度适中，质地为砂壤土，耕性和通透性一般。土壤呈酸性，有机质积累多，有机质和氮素含量丰富，速效磷、钾含量缺乏，土壤保肥性能中等。植烟时，需注意开沟排水，深耕炕土，减少土体积水，补充磷、钾肥。

宜宾市筠连县篙坝镇白鳝黄泥田具体情况见表 13-21、表 13-22。

图13-27　宜宾市筠连县篙坝镇龙盘村植烟区地形地貌特征

图13-28 宜宾市筠连县篙坝镇龙盘村植烟土地景观

Ap1: 0～＜20 cm，橄榄灰（5Y 4/2），砂壤土，小块状结构，稍紧实，有较多根系。

Ap2: 20～＜55 cm，橄榄灰（5Y 4/2），砂壤土，小块状结构，稍紧实。

Br: 55～＜75 cm，暗灰色（5Y 4/1），砂壤土，粒状结构，紧实。

E1: 75～＜95 cm，灰色（5Y 6/1），壤土，屑粒状结构，紧实，有黏粒胶膜。

E2: 95～ cm，浅灰色（5Y 7/1），壤土，屑粒状结构，紧实，有黏粒胶膜。

图13-29　白鳝黄泥田剖面结构

表13-21　宜宾市筠连县篙坝镇白鳝黄泥田物理性状

| 土层厚度/cm | 机械组成 /% | | | | 质地 | 容重/(g·cm⁻³) |
	黏粒 ＜0.002 mm	细粉粒 0.002～＜0.02 mm	粗粉粒 0.02～＜0.05 mm	砂粒 0.05～2.0 mm		
0～＜20	11.09	18.35	11.49	59.07	砂壤土	1.18
20～＜40	12.90	17.74	13.31	56.05	砂壤土	0.97
40～60	11.90	20.77	10.69	56.65	砂壤土	1.30

表13-22　宜宾市筠连县篙坝镇白鳝黄泥田养分与化学性质

土层厚度/cm	pH 值	有机质/(g·kg⁻¹)	全氮/(g·kg⁻¹)	全磷/(g·kg⁻¹)	全钾/(g·kg⁻¹)	碱解氮/(mg·kg⁻¹)	有效磷/(mg·kg⁻¹)	速效钾/(mg·kg⁻¹)	CEC[cmol(+)/kg]
0～＜20	5.22	43.40	2.47	0.77	13.70	235	7.2	99	17.9
20～＜40	5.86	30.90	1.93	0.60	14.79	135	6.6	69	12.0
40～60	6.07	39.60	2.14	0.67	15.34	175	12.9	90	12.3

附录 土壤发生层符号及其描述

1. 基本发生层：以大写字母表示土壤主要的发生层，代表了土壤主要的物质淋淀和散失过程。

O：有机层（包括枯枝落叶层、草根密集盘结层和泥炭层）

A：腐殖质表层或受耕作影响的表层

E：淋溶层、漂白层

B：物质淀积层或聚积层，或风化 B 层

C：母质层

R：基岩

G：潜育层

K：矿质土壤 A 层之上的矿质结壳层（如盐结壳、铁结壳等）

2. 发生层附加特性：指土壤发生层所具有的发生学上的特性，以英文小写字母并列置于主要发生层大写字母之后表征土层特性。

a：高分解有机物质

b：埋藏层。置于属何性质的符号后面，例如 Btb 埋藏淀积层

c：结皮，例如 Ac 结皮层

d：冻融特征，例如 Ad 片状层

e：半分解有机物质

f：永冻层

g：潜育特征

h：腐殖质聚积

i：低分解和未分解有机物质，例如 Oi 枯枝落叶层

j：黄钾铁矾

k：碳酸盐聚积

l：网纹

m：强胶结。置于属何性质的符号后面，例如 Btm 黏磐

n：钠聚积

o：根系盘结

p：耕作影响，例如 Ap 耕作层

q：次生硅聚积

r：氧化还原

s：铁锰聚积

t：黏粒聚积

u：人为堆积、灌淤等影响

v：变形特征

w：就地风化形成的显色、有结构层，例如 Bw 风化 B 层

x：固态坚硬的胶结，未形成磐，例如 Bx 紧实层

y：石膏聚积

z：可溶盐聚积

★：磷聚积，例如 B★m 磷质硬磐

3. 发生层或发生特性的续 / 细分：主要发生层可按其发生程度上的差异进一步细分为若干亚层，以阿拉伯数字与大写字母并列表示。

（1）特性发生层细分：对某些特性发生层（p、r、s）按其发生特性的差异进一步细分，例如 Ap 层细分为 Ap1（耕作层）和 Ap2（犁地层）。阿拉伯数字并列置于表示特性发生层的小写字母之后，也可表示某一土层按其发育程度或发育次序上的差异细分出的若干亚层。

（2）异元母质土层：用阿拉伯数字置于发生层符号前表示。例如，在下列二元母质土壤剖面的发生层序列（A−E−Bt1−Bt2−2Bt3−2C−2R）中，A−E−Bt1−Bt2 为由物质"1"发育的发生层（阿拉伯数字 1 可省略），2Bt3−2C−2R 为由物质"2"发育的土层。

（3）过渡层：用代表上下两发生层的大写字母连写，表示具主要特征的土层字母放在前面。例 AB 层，兼有两种发生土层特性，土层性状更接近于 A 层。

附图1　标本采集工作组照

附图2 四川植烟土壤标本馆在线VR（扫描二维码观看）

四川植烟土壤标本馆，坐落于四川省凉山彝族自治州西昌市大兴乡新民村十组50号的中国农业科学院西南烟草试验基地内，该基地由中国烟草总公司四川省公司慷慨出资，并由四川省农业科学院农业资源与环境研究所精心规划与实施，共同构建了一个集科学研究、教育普及、学术交流及技术创新于一体的专业性科教平台。作为基地的核心组成部分，标本馆不仅展示了四川省内丰富多样的植烟土壤类型，包括赤红壤、红壤及独特的紫色土等，为科研人员提供了宝贵的第一手研究资料，向公众尤其是烟技员普及了土壤科学知识，提升他们对土壤资源重要性的认识；同时，这里也是农业院校学生实习实训的理想场所，促进了理论与实践的结合。此外，标本馆还积极促进与国内外科研机构的合作和交流，定期举办学术研讨会和技术培训，为推动我国烟叶栽培技术的创新与耕地资源的可持续利用作出了重要贡献，成为展示四川植烟土壤魅力、推动科学研究与教育普及的重要平台。